Mathematisch-technische Zahlentafeln

Vorgeschrieben zum Gebrauch im Unterricht und bei den Prüfungen an den Staatlichen Ingenieurschulen (Fachschulen für Maschinenbau, Stahlbau, Elektrotechnik, Leichtbau-, Kraft- und Luftfahrttechnik, Schiffbau und Hüttentechnik) und anderen Fachschulen für die Metallindustrie

durch Ministerial-Erlaß vom 1. März 1933

Zusammengestellt von

Baurat Dr.-Ing. **Andreas Velten**
an der Staatlichen Ingenieurschule in Dortmund

unter Mitwirkung von

Baurat Dr.-Ing. **Werner Bergfelder**
an der Staatlichen Ingenieurschule in Dortmund

und

Baurat a. D. Dr.-Ing. habil. **Paul Werners**
in Berlin

Zehnte, vermehrte Auflage

SPRINGER-VERLAG WIEN GMBH 1945

ISBN 978-3-7091-4583-8   ISBN 978-3-7091-4733-7 (eBook)
DOI 10.1007/978-3-7091-4733-7

Inhaltsverzeichnis.

1*

Seite

Die Zahlentafeln sind soweit wie möglich dem Dubbelschen Taschenbuch für
den Maschinenbau entnommen, das als Lehrmittel an den Staatlichen Ingenieurschulen (Fachschulen für Maschinenbau, Stahlbau, Elektrotechnik, Leichtbau-,
Kraft- und Luftfahrttechnik, Schiffbau- und Hüttentechnik) eingeführt ist.

Der Abdruck sämtlicher in diesem Heft enthaltenen Normenblätter des Deutschen
Normenausschusses ist mit Genehmigung des Deutschen Normenausschusses
erfolgt. Verbindlich für die in den Tabellen enthaltenen Angaben bleiben die
Dinormen. Normenblätter sind durch den Beuth-Vertrieb G. m. b. H.,
Berlin SW 68, Dresdener Straße 97, zu beziehen.

Der Nachdruck der auf den Seiten 90—92 und 98 vorhandenen VDE-Bestimmun-
gen erfolgte mit Genehmigung des Verbandes Deutscher Elektrotechniker E. V.
und der ETZ-Verlag GmbH., Berlin-Charlottenburg 4 (N. G Nr. 263). Für den
Wortlaut jeder VDE-Bestimmung ist nur die jeweils letzte Veröffentlichung in
der ETZ verbindlich.

Erster Abschnitt: Mathematik.

1. Potenzen, Wurzeln, natürliche Logarithmen usw.

n	n^2	n^3	$\sqrt{n}$	$\sqrt[3]{n}$	$\ln n$	$\dfrac{1000}{n}$	πn	$\dfrac{\pi n^2}{4}$	n
1	1	1	1,0000	1,0000	0,0000	1000,000	3,142	0,7854	1
2	4	8	1,4142	1,2599	0,6931	500,000	6,283	3,1416	2
3	9	27	1,7321	1,4422	1,0986	333,333	9,425	7,0686	3
4	16	64	2,0000	1,5874	1,3863	250,000	12,566	12,5664	4
5	25	125	2,2361	1,7100	1,6094	200,000	15,708	19,6350	5
6	36	216	2,4495	1,8171	1,7918	166,667	18,850	28,2743	6
7	49	343	2,6458	1,9129	1,9459	142,857	21,991	38,4845	7
8	64	512	2,8284	2,0000	2,0794	125,000	25,133	50,2655	8
9	81	729	3,0000	2,0801	2,1972	111,111	28,274	63,6173	9
10	1 00	1 000	3,1623	2,1544	2,3026	100,000	31,416	78,5398	10
11	1 21	1 331	3,3166	2,2240	2,3979	90,9091	34,558	95,0332	11
12	1 44	1 728	3,4641	2,2894	2,4849	83,3333	37,699	113,097	12
13	1 69	2 197	3,6056	2,3513	2,5649	76,9231	40,841	132,732	13
14	1 96	2 744	3,7417	2,4101	2,6391	71,4286	43,982	153,938	14
15	2 25	3 375	3,8730	2,4662	2,7081	66,6667	47,124	176,715	15
16	2 56	4 096	4,0000	2,5198	2,7726	62,5000	50,265	201,062	16
17	2 89	4 913	4,1231	2,5713	2,8332	58,8235	53,407	226,980	17
18	3 24	5 832	4,2426	2,6207	2,8904	55,5556	56,549	254,469	18
19	3 61	6 859	4,3589	2,6684	2,9444	52,6316	59,690	283,529	19
20	4 00	8 000	4,4721	2,7144	2,9957	50,0000	62,832	314,159	20
21	4 41	9 261	4,5826	2,7589	3,0445	47,6190	65,973	346,361	21
22	4 84	10 648	4,6904	2,8020	3,0910	45,4545	69,115	380,133	22
23	5 29	12 167	4,7958	2,8439	3,1355	43,4783	72,257	415,476	23
24	5 76	13 824	4,8990	2,8845	3,1781	41,6667	75,398	452,389	24
25	6 25	15 625	5,0000	2,9240	3,2189	40,0000	78,540	490,874	25
26	6 76	17 576	5,0990	2,9625	3,2581	38,4615	81,681	530,929	26
27	7 29	19 683	5,1962	3,0000	3,2958	37,0370	84,823	572,555	27
28	7 84	21 952	5,2915	3,0366	3,3322	35,7143	87,965	615,752	28
29	8 41	24 389	5,3852	3,0723	3,3673	34,4828	91,106	660,520	29
30	9 00	27 000	5,4772	3,1072	3,4012	33,3333	94,248	706,858	30
31	9 61	29 791	5,5678	3,1414	3,4340	32,2581	97,389	754,768	31
32	10 24	32 768	5,6569	3,1748	3,4657	31,2500	100,531	804,248	32
33	10 89	35 937	5,7446	3,2075	3,4965	30,3030	103,673	855,299	33
34	11 56	39 304	5,8310	3,2396	3,5264	29,4118	106,814	907,920	34
35	12 25	42 875	5,9161	3,2711	3,5553	28,5714	109,956	962,113	35
36	12 96	46 656	6,0000	3,3019	3,5835	27,7778	113,097	1017,88	36
37	13 69	50 653	6,0828	3,3322	3,6109	27,0270	116,239	1075,21	37
38	14 44	54 872	6,1644	3,3620	3,6376	26,3158	119,381	1134,11	38
39	15 21	59 319	6,2450	3,3912	3,6636	25,6410	122,522	1194,59	39
40	16 00	64 000	6,3246	3,4200	3,6889	25,0000	125,66	1256,64	40
41	16 81	68 921	6,4031	3,4482	3,7136	24,3902	128,81	1320,25	41
42	17 64	74 088	6,4807	3,4760	3,7377	23,8095	131,95	1385,44	42
43	18 49	79 507	6,5574	3,5034	3,7612	23,2558	135,09	1452,20	43
44	19 36	85 184	6,6332	3,5303	3,7842	22,7273	138,23	1520,53	44
45	20 25	91 125	6,7082	3,5569	3,8067	22,2222	141,37	1590,43	45
46	21 16	97 336	6,7823	3,5830	3,8286	21,7391	144,51	1661,90	46
47	22 09	103 823	6,8557	3,6088	3,8501	21,2766	147,65	1734,94	47
48	23 04	110 592	6,9282	3,6342	3,8712	20,8333	150,80	1809,56	48
49	24 01	117 649	7,0000	3,6593	3,8918	20,4082	153,94	1885,74	49
50	25 00	125 000	7,0711	3,6840	3,9120	20,0000	157,08	1963,50	50

$\ln 10^{\pm 1} = \pm 2,3026,$ $\ln 10^{\pm 2} = \pm 4,6052,$ $\ln 10^{\pm 3} = \pm 6,9078,$

$\ln 10^{\pm 4} = \pm 9,2103,$ $\ln 10^{\pm 5} = \pm 11,5129,$ $\ln 10^{\pm 6} = \pm 13,8155,$

$\ln 10^{\pm 7} = \pm 16,1181,$ $\ln 10^{\pm 8} = \pm 18,4207.$

n	n^2	n^3	$\sqrt{n}$	$\sqrt[3]{n}$	$\ln n$	$\dfrac{1000}{n}$	$\pi\, n$	$\dfrac{\pi\, n^2}{4}$	n
50	25 00	125 000	7,0711	3,6840	3,9120	20,0000	157,08	1963,50	50
51	26 01	132 651	7,1414	3,7084	3,9318	19,6078	160,22	2042,82	51
52	27 04	140 608	7,2111	3,7325	3,9512	19,2308	163,36	2123,72	52
53	28 09	148 877	7,2801	3,9703	3,9703	18,8679	166,50	2206,18	53
54	29 16	157 464	7,3485	3,7798	3,9890	18,5185	169,65	2290,22	54
55	30 25	166 375	7,4162	3,8030	4,0073	18,1818	172,79	2375,83	55
56	31 36	175 616	7,4833	3,8259	4,0254	17,8571	175,93	2463,01	56
57	32 49	185 193	7,5498	3,8485	4,0431	17,5439	179,07	2551,76	57
58	33 64	195 112	7,6158	3,8709	4,0604	17,2414	182,21	2642,08	58
59	34 81	205 379	7,6811	3,8930	4,0775	16,9492	185,35	2733,97	59
60	36 00	216 000	7,7460	3,9149	4,0943	16,6667	188,50	2827,43	60
61	37 21	226 981	7,8102	3,9365	4,1109	16,3934	191,64	2922,47	61
62	38 44	238 328	7,8740	3,9579	4,1271	16,1290	194,78	3019,07	62
63	39 69	250 047	7,9373	3,9791	4,1431	15,8730	197,92	3117,25	63
64	40 96	262 144	8,0000	4,0000	4,1589	15,6250	201,06	3216,99	64
65	42 25	274 625	8,0623	4,0207	4,1744	15,3846	204,20	3318,31	65
66	43 56	287 496	8,1240	4,0412	4,1897	15,1515	207,35	3421,19	66
67	44 89	300 763	8,1854	4,0615	4,2047	14,9254	210,49	3525,65	67
68	46 24	314 432	8,2462	4,0817	4,2195	14,7059	213,63	3631,68	68
69	47 61	328 509	8,3066	4,1016	4,2341	14,4928	216,77	3739,28	69
70	49 00	343 000	8,3666	4,1213	4,2485	14,2857	219,91	3848,45	70
71	50 41	357 911	8,4261	4,1408	4,2627	14,0845	223,05	3959,19	71
72	51 84	373 248	8,4853	4,1602	4,2767	13,8889	226,19	4071,50	72
73	53 29	389 017	8,5440	4,1793	4,2905	13,6986	229,34	4185,39	73
74	54 76	405 224	8,6023	4,1983	4,3041	13,5135	232,48	4300,84	74
75	56 25	421 875	8,6603	4,2172	4,3175	13,3333	235,62	4417,86	75
76	57 76	438 976	8,7178	4,2358	4,3307	13,1579	238,76	4536,46	76
77	59 29	456 533	8,7750	4,2543	4,3438	12,9870	241,90	4656,63	77
78	60 84	474 552	8,8318	4,2727	4,3567	12,8205	245,04	4778,36	78
79	62 41	493 039	8,8882	4,2908	4,3694	12,6582	248,19	4901,67	79
80	64 00	512 000	8,9443	4,3089	4,3820	12,5000	251,33	5026,55	80
81	65 61	531.441	9,0000	4,3267	4,3944	12,3457	254,47	5153,00	81
82	67 24	551 368	9,0554	4,3445	4,4067	12,1951	257,61	5281,02	82
83	68 89	571 787	9,1104	4,3621	4,4188	12,0482	260,75	5410,61	83
84	70 56	592 704	9,1652	4,3795	4,4308	11,9048	263,89	5541,77	84
85	72 25	614 125	9,2195	4,3968	4,4427	11,7647	267,04	5674,50	85
86	73 96	636 056	9,2736	4,4140	4,4543	11,6279	270,18	5808,80	86
87	75 69	658 503	9,3274	4,4310	4,4659	11,4943	273,32	5944,68	87
88	77 44	681 472	9,3808	4,4480	4,4773	11,3636	276,46	6082,12	88
89	79 21	704 969	9,4340	4,4647	4,4886	11,2360	279,60	6221,14	89
90	81 00	729 000	9,4868	4,4814	4,4998	11,1111	282,74	6361,73	90
91	82 81	753 571	9,5394	4,4979	4,5109	10,9890	285,88	6503,88	91
92	84 64	778 688	9,5917	4,5144	4,5218	10,8696	289,03	6647,61	92
93	86 49	804 357	9,6437	4,5307	4,5326	10,7527	292,17	6792,91	93
94	88 36	830 584	9,6954	4,5468	4,5433	10,6383	295,31	6939,78	94
95	90 25	857 375	9,7468	4,5629	4,5539	10,5263	298,45	7088,22	95
96	92 16	884 736	9,7980	4,5789	4,5643	10,4167	301,59	7238,23	96
97	94 09	912 673	9,8489	4,5947	4,5747	10,3093	304,73	7389,81	97
98	96 04	941 192	9,8995	4,6104	4,5850	10,2041	307,88	7542,96	98
99	98 01	970 299	9,9499	4,6261	4,5951	10,1010	311,02	7697,69	99
100	1 00 00	1 000 000	10.0000	4,6416	4,6052	10,0000	314,16	7853,98	100

1. Beispiel: $\ln$ **66 377** $= ?$
　　$\ln 66\,377 = \ln(663{,}77 \cdot 100) = \ln 663{,}77 + \ln 100 = 6{,}4980 + 4{,}6052 = \mathbf{11{,}1032}.$
2. Beispiel: $\ln$ **0,003 745** $= ?$　$0{,}003\,745 = 374{,}5 \cdot 10^{-5}$
　　　　$\ln 0{,}003\,745 = 5{,}9256 - 11{,}5129 = \mathbf{-5{,}5873}.$

n	n^2	n^3	$\sqrt{n}$	$\sqrt[3]{n}$	$\ln n$	$\dfrac{1000}{n}$	πn	$\dfrac{\pi n^2}{4}$	n
100	10000	1000000	10,0000	4,6416	4,6052	10,0000	314,16	7853,98	**100**
101	10201	1030301	10,0499	4,6570	4,6151	9,9010	317,30	8011,85	101
102	10404	1061208	10,0995	4,6723	4,6250	9,8039	320,44	8171,28	102
103	10609	1092727	10,1489	4,6875	4,6347	9,7087	323,58	8332,29	103
104	10816	1124864	10,1980	4,7027	4,6444	9,6154	326,73	8494,87	104
105	11025	1157625	10,2470	4,7177	4,6540	9,5238	329,87	8659,01	105
106	11236	1191016	10,2956	4,7326	4,6634	9,4340	333,01	8824,73	106
107	11449	1225043	10,3441	4,7475	4,6728	9,3458	336,15	8992,02	107
108	11664	1259712	10,3923	4,7622	4,6821	9,2593	339,29	9160,88	108
109	11881	1295029	10,4403	4,7769	4,6913	9,1743	342,43	9331,32	109
110	12100	1331000	10,4881	4,7914	4,7005	9,0909	345,58	9503,32	**110**
111	12321	1367631	10,5357	4,8059	4,7095	9,0090	348,72	9676,89	111
112	12544	1404928	10,5830	4,8203	4,7185	8,9286	351,86	9852,03	112
113	12769	1442897	10,6301	4,8346	4,7274	8,8496	355,00	10028,7	113
114	12996	1481544	10,6771	4,8488	4,7362	8,7719	358,14	10207,0	114
115	13225	1520875	10,7238	4,8629	4,7449	8,6957	361,28	10386,9	115
116	13456	1560896	10,7703	4,8770	4,7536	8,6207	364,42	10568,3	116
117	13689	1601613	10,8167	4,8910	4,7622	8,5470	367,57	10751,3	117
118	13924	1643032	10,8628	4,9049	4,7707	8,4746	370,71	10935,9	118
119	14161	1685159	10,9087	4,9187	4,7791	8,4034	373,85	11122,0	119
120	14400	1728000	10,9545	4,9324	4,7875	8,3333	376,99	11309,7	**120**
121	14641	1771561	11,0000	4,9461	4,7958	8,2645	380,13	11499,0	121
122	14884	1815848	11,0454	4,9597	4,8040	8,1967	383,27	11689,9	122
123	15129	1860867	11,0905	4,9732	4,8122	8,1301	386,42	11882,3	123
124	15376	1906624	11,1355	4,9866	4,8203	8,0645	389,56	12076,3	124
125	15625	1953125	11,1803	5,0000	4,8283	8,0000	392,70	12271,8	125
126	15876	2000376	11,2250	5,0133	4,8363	7,9365	395,84	12469,0	126
127	16129	2048383	11,2694	5,0265	4,8442	7,8740	398,98	12667,7	127
128	16384	2097152	11,3137	5,0397	4,8520	7,8125	402,12	12868,0	128
129	16641	2146689	11,3578	5,0528	4,8598	7,7519	405,27	13069,8	129
130	16900	2197000	11,4018	5,0658	4,8675	7,6923	408,41	13273,2	**130**
131	17161	2248091	11,4455	5,0788	4,8752	7,6336	411,55	13478,2	131
132	17424	2299968	11,4891	5,0916	4,8828	7,5758	414,69	13684,8	132
133	17689	2352637	11,5326	5,1045	4,8903	7,5188	417,83	13892,9	133
134	17956	2406104	11,5758	5,1172	4,8978	7,4627	420,97	14102,6	134
135	18225	2460375	11,6190	5,1299	4,9053	7,4074	424,12	14313,9	135
136	18496	2515456	11,6619	5,1426	4,9127	7,3529	427,26	14526,7	136
137	18769	2571353	11,7047	5,1551	4,9200	7,2993	430,40	14741,1	137
138	19044	2628072	11,7473	5,1676	4,9273	7,2464	433,54	14957,1	138
139	19321	2685619	11,7898	5,1801	4,9345	7,1942	436,68	151/4,7	139
140	19600	2744000	11,8322	5,1925	4,9416	7,1429	439,82	15393,8	**140**
141	19881	2803221	11,8743	5,2048	4,9488	7,0922	442,96	15614,5	141
142	20164	2863288	11,9164	5,2171	4,9558	7,0423	446,11	15836,8	142
143	20449	2924207	11,9583	5,2293	4,9628	6,9930	449,25	16060,6	143
144	20736	2985984	12,0000	5,2415	4,9698	6,9444	452,39	16286,0	144
145	21025	3048625	12,0416	5,2536	4,9767	6,8966	455,53	16513,0	145
146	21316	3112136	12,0830	5,2656	4,9836	6,8493	458,67	16741,5	146
147	21609	3176523	12,1244	5,2776	4,9904	6,8027	461,81	16971,7	147
148	21904	3241792	12,1655	5,2896	4,9972	6,7568	464,96	17203,4	148
149	22201	3307949	12,2066	5,3015	5,0039	6,7114	468,10	17436,6	149
150	22500	3375000	12,2474	5,3133	5,0106	6,6667	471,24	17671,5	**150**

$$\ln x = \ln 10 \lg x = 2{,}3026 \lg x,$$

$$\lg x = \frac{1}{\ln 10} \ln x = 0{,}4343 \ln x.$$

n	n^2	n^3	$\sqrt{n}$	$\sqrt[3]{n}$	$\ln n$	$\dfrac{1000}{n}$	πn	$\dfrac{\pi n^2}{4}$	n
150	22500	3375000	12,2474	5,3133	5,0106	6,6667	471,24	17671,5	150
151	22801	3442951	12,2882	5,3251	5,0173	6,6225	474,38	17907,9	151
152	23104	3511808	12,3288	5,3368	5,0239	6,5790	477,52	18145,8	152
153	23409	3581577	12,3693	5,3485	5,0304	6,5360	480,66	18385,4	153
154	23716	3652264	12,4097	5,3601	5,0370	6,4935	483,81	18626,5	154
155	24025	3723875	12,4499	5,3717	5,0434	6,4516	486,95	18869,2	155
156	24336	3796416	12,4900	5,3832	5,0499	6,4103	490,09	19113,4	156
157	24649	3869893	12,5300	5,3947	5,0562	6,3694	493,23	19359,3	157
158	24964	3944312	12,5698	5,4061	5,0626	6,3291	496,37	19606,7	158
159	25281	4019679	12,6095	5,4175	5,0689	6,2893	499,51	19855,7	159
160	25600	4096000	12,6491	5,4288	5,0752	6,2500	502,65	20106,2	160
161	25921	4173281	12,6886	5,4401	5,0814	6,2112	505,80	20358,3	161
162	26244	4251528	12,7279	5,4514	5,0876	6,1728	508,94	20612,0	162
163	26569	4330747	12,7671	5,4626	5,0938	6,1350	512,08	20867,2	163
164	26896	4410944	12,8062	5,4737	5,0999	6,0976	515,22	21124,1	164
165	27225	4492125	12,8452	5,4848	5,1059	6,0606	518,36	21382,5	165
166	27556	4574296	12,8841	5,4959	5,1120	6,0241	521,50	21642,4	166
167	27889	4657463	12,9228	5,5069	5,1180	5,9880	524,65	21904,0	167
168	28224	4741632	12,9615	5,5178	5,1240	5,9524	527,79	22167,1	168
169	28561	4826809	13,0000	5,5288	5,1299	5,9172	530,93	22431,8	169
170	28900	4913000	13,0384	5,5397	5,1358	5,8824	534,07	22698,0	170
171	29241	5000211	13,0767	5,5505	5,1417	5,8480	537,21	22965,8	171
172	29584	5088448	13,1149	5,5613	5,1475	5,8140	540,35	23235,2	172
173	29929	5177717	13,1529	5,5721	5,1533	5,7804	543,50	23506,2	173
174	30276	5268024	13,1909	5,5828	5,1591	5,7471	546,64	23778,7	174
175	30625	5359375	13,2288	5,5934	5,1648	5,7143	549,78	24052,8	175
176	30976	5451776	13,2665	5,6041	5,1705	5,6818	552,92	24328,5	176
177	31329	5545233	13,3041	5,6147	5,1761	5,6497	556,06	24605,7	177
178	31684	5639752	13,3417	5,6252	5,1818	5,6180	559,20	24884,6	178
179	32041	5735339	13,3791	5,6357	5,1874	5,5866	562,35	25164,9	179
180	32400	5832000	13,4164	5,6462	5,1930	5,5556	565,49	25446,9	180
181	32761	5929741	13,4536	5,6567	5,1985	5,5249	568,63	25730,4	181
182	33124	6028568	13,4907	5,6671	5,2040	5,4945	571,77	26015,5	182
183	33489	6128487	13,5277	5,6774	5,2095	5,4645	574,91	26302,2	183
184	33856	6229504	13,5647	5,6877	5,2149	5,4348	578,05	26590,4	184
185	34225	6331625	13,6015	5,6980	5,2204	5,4054	581,19	26880,3	185
186	34596	6434856	13,6382	5,7083	5,2257	5,3763	584,34	27171,6	186
187	34969	6539203	13,6748	5,7185	5,2311	5,3476	587,48	27464,6	187
188	35344	6644672	13,7113	5,7287	5,2364	5,3192	590,62	27759,1	188
189	35721	6751269	13,7477	5,7388	5,2417	5,2910	593,76	28055,2	189
190	36100	6859000	13,7840	5,7489	5,2470	5,2632	596,90	28352,9	190
191	36481	6967871	13,8203	5,7590	5,2523	5,2356	600,04	28652,1	191
192	36864	7077888	13,8564	5,7690	5,2575	5,2083	603,19	28952,9	192
193	37249	7189057	13,8924	5,7790	5,2627	5,1814	606,33	29255,3	193
194	37636	7301384	13,9284	5,7890	5,2679	5,1546	609,47	29559,2	194
195	38025	7414875	13,9642	5,7989	5,2730	5,1282	612,61	29864,8	195
196	38416	7529530	14,0000	5,8088	5,2781	5,1020	615,75	30171,9	196
197	38809	7645373	14,0357	5,8186	5,2832	5,0761	618,89	30480,5	197
198	39204	7762392	14,0712	5,8285	5,2883	5,0505	622,04	30790,7	198
199	39601	7880599	14,1067	5,8383	5,2933	5,0251	625,18	31102,6	199
200	40000	8000000	14,1421	5,8480	5,2983	5,0000	628,32	31415,9	200

n	n^2	n^3	$\sqrt{n}$	$\sqrt[3]{n}$	$\ln n$	$\dfrac{1000}{n}$	πn	$\dfrac{\pi n^3}{4}$	n
200	40000	8000000	14,1421	5,8480	5,2983	5,0000	628,32	31415,9	200
201	40401	8120601	14,1774	5,8578	5,3033	4,9751	631,46	31730,9	201
202	40804	8242408	14,2127	5,8675	5,3083	4,9505	634,60	32047,4	202
203	41209	8365427	14,2478	5,8771	5,3132	4,9261	637,74	32365,5	203
204	41616	8489664	14,2829	5,8868	5,3181	4,9020	640,88	32685,1	204
205	42025	8615125	14,3178	5,8964	5,3230	4,8781	644,03	33006,4	205
206	42436	8741816	14,3527	5,9059	5,3279	4,8544	647,17	33329,2	206
207	42849	8869743	14,3875	5,9155	5,3327	4,8309	650,31	33653,5	207
208	43264	8998912	14,4222	5,9250	5,3375	4,8077	653,45	33979,5	208
209	43681	9129329	14,4568	5,9345	5,3423	4,7847	656,59	34307,0	209
210	44100	9261000	14,4914	5,9439	5,3471	4,7619	659,73	34636,1	210
211	44521	9393931	14,5258	5,9533	5,3519	4,7393	662,88	34966,7	211
212	44944	9528128	14,5602	5,9627	5,3566	4,7170	666,02	35298,9	212
213	45369	9663597	14,5945	5,9721	5,3613	4,6948	669,16	35632,7	213
214	45796	9800344	14,6287	5,9814	5,3660	4,6729	672,30	35968,1	214
215	46225	9938375	14,6629	5,9907	5,3706	4,6512	675,44	36305,0	215
216	46656	10077696	14,6969	6,0000	5,3753	4,6296	678,58	36643,5	216
217	47089	10218313	14,7309	6,0092	5,3799	4,6083	681,73	36983,6	217
218	47524	10360232	14,7648	6,0185	5,3845	4,5872	684,87	37325,3	218
219	47961	10503459	14,7986	6,0277	5,3891	4,5662	688,01	37668,5	219
220	48400	10648000	14,8324	6,0368	5,3936	4,5455	691,15	38013,3	220
221	48841	10793861	14,8661	6,0459	5,3982	4,5249	694,29	38359,6	221
222	49284	10941048	14,8997	6,0550	5,4027	5,5045	697,43	38707,6	222
223	49729	11089567	14,9332	6,0641	5,4072	4,4843	700,58	39057,1	223
224	50176	11239424	14,9666	6,0732	5,4116	4,4643	703,72	39408,1	224
225	50625	11390625	15,0000	6,0822	5,4161	4,4444	706,86	39760,8	225
226	51076	11543176	15,0333	6,0912	5,4205	4,4248	710,00	40115,0	226
227	51529	11697083	15,0665	6,1002	5,4250	4,4053	713,14	40470,8	227
228	51984	11852352	15,0997	6,1091	5,4293	4,3860	716,28	40828,1	228
229	52441	12008989	15,1327	6,1180	5,4337	4,3668	719,42	41187,1	229
230	52900	12167000	15,1658	6,1269	5,4381	4,3478	722,57	41547,6	230
231	53361	12326391	15,1987	6,1358	5,4424	4,3290	725,71	41909,6	231
232	53824	12487168	15,2315	6,1446	5,4467	4,3103	728,85	42273,3	232
233	54289	12649337	15,2643	6,1534	5,4510	4,2919	731,99	42638,5	233
234	54756	12812904	15,2971	6,1622	5,4553	4,2735	735,13	43005,3	234
235	55225	12977875	15,3297	6,1710	5,4596	4,2553	738,27	43373,6	235
236	55696	13144256	15,3623	6,1797	5,4638	4,2373	741,42	43743,5	236
237	56169	13312053	15,3948	6,1885	5,4681	4,2194	744,56	44115,0	237
238	56644	13481272	15,4272	6,1972	5,4723	4,2017	747,70	44488,1	238
239	57121	13651919	15,4596	6,2058	5,4765	4,1841	750,84	44862,7	239
240	57600	13824000	15,4919	6,2145	5,4806	4,1667	753,98	45238,9	240
241	58081	13997521	15,5242	6,2231	5,4848	4,1494	757,12	45616,7	241
242	58564	14172488	15,5563	6,2317	5,4889	4,1322	760,27	45996,1	242
243	59049	14348907	15,5885	6,2403	5,4931	4,1152	763,41	46377,0	243
244	59536	14526784	15,6205	6,2488	5,4972	4,0984	766,55	46759,5	244
245	60025	14706125	15,6525	6,2573	5,5013	4,0816	769,69	47143,5	245
246	60516	14886936	15,6844	6,2658	5,5053	4,0650	772,83	47529,2	246
247	61009	15069223	15,7162	6,2743	5,5094	4,0486	775,97	47916,4	247
248	61504	15252992	15,7480	6,2828	5,5134	4,0323	779,11	48305,1	248
249	62001	15438249	15,7797	6,2912	5,5175	4,0161	782,26	48695,5	249
250	62500	15625000	15,8114	6,2996	5,5215	4,0000	785,40	49087,4	250

n	n^2	n^3	$\sqrt{n}$	$\sqrt[3]{n}$	$\ln n$	$\dfrac{1000}{n}$	πn	$\dfrac{\pi n^2}{4}$	n
250	62500	15625000	15,8114	6,2996	5,5215	4,0000	785,40	49087,4	250
251	63001	15813251	15,8430	6,3080	5,5255	3,9841	788,54	49480,9	251
252	63504	16003008	15,8745	6,3164	5,5294	3,9683	791,68	49875,9	252
253	64009	16194277	15,9060	6,3247	5,5334	3,9526	794,82	50272,6	253
254	64516	16387064	15,9374	6,3330	5,5373	3,9370	797,96	50670,7	254
255	65025	16581375	15,9687	6,3413	5,5413	3,9216	801,11	51070,5	255
256	65536	16777216	16,0000	6,3496	5,5452	3,9063	804,25	51471,9	256
257	66049	16974593	16,0312	6,3579	5,5491	3,8911	807,39	51874,8	257
258	66564	17173512	16,0624	6,3661	5,5530	3,8760	810,53	52279,2	258
259	67081	17373979	16,0935	6,3743	5,5568	3,8610	813,67	52685,3	259
260	67600	17576000	16,1245	6,3825	5,5607	3,8462	816,81	53092,9	260
261	68121	17779581	16,1555	6,3907	5,5645	3,8314	819,96	53502,1	261
262	68644	17984728	16,1864	6,3988	5,5683	3,8168	823,10	53912,9	262
263	69169	18191447	16,2173	6,4070	5,5722	3,8023	826,24	54325,2	263
264	69696	18399744	16,2481	6,4151	5,5759	3,7879	829,38	54739,1	264
265	70225	18609625	16,2788	6,4232	5,5797	3,7736	832,52	55154,6	265
266	70756	18821096	16,3095	6,4312	5,5835	3,7594	835,66	55571,6	266
267	71289	19034163	16,3401	6,4393	5,5872	3,7453	838,81	55990,2	267
268	71824	19248832	16,3707	6,4473	5,5910	3,7313	841,95	56410,4	268
269	72361	19465109	16,4012	6,4553	5,5947	3,7175	845,09	56832,2	269
270	72900	19683000	16,4317	6,4633	5,5984	3,7037	848,23	57255,5	270
271	73441	19902511	16,4621	6,4713	5,6021	3,6900	851,37	57680,4	271
272	73984	20123648	16,4924	6,4792	5,6058	3,6765	854,51	58106,9	272
273	74529	20346417	16,5227	6,4872	5,6095	3,6630	857,65	58534,9	273
274	75076	20570824	16,5529	6,4951	5,6131	3,6496	860,80	58964,6	274
275	75625	20796875	16,5831	6,5030	5,6168	3,6364	863,94	59395,7	275
276	76176	21024576	16,6132	6,5108	5,6204	3,6232	867,08	59828,5	276
277	76729	21253933	16,6433	6,5187	5,6240	3,6101	870,22	60262,8	277
278	77284	21484952	16,6733	6,5265	5,6276	3,5971	873,36	60698,7	278
279	77841	21717639	16,7033	6,5343	5,6312	3,5842	876,50	61136,2	279
280	78400	21952000	16,7332	6,5421	5,6348	3,5714	879,65	61575,2	280
281	78961	22188041	16,7631	6,5499	5,6384	3,5587	882,79	62015,8	281
282	79524	22425768	16,7929	6,5577	5,6419	3,5461	885,93	62458,0	282
283	80089	22665187	16,8226	6,5654	5,6454	3,5336	889,07	62901,8	283
284	80656	22906304	16,8523	6,5731	5,6490	3,5211	892,21	63347,1	284
285	81225	23149125	16,8819	6,5808	5,6525	3,5088	895,35	63794,0	285
286	81796	23393656	16,9115	6,5885	5,6560	3,4965	898,50	64242,4	286
287	82369	23639903	16,9411	6,5962	5,6595	3,4843	901,64	64692,5	287
288	82944	23887872	16,9706	6,6039	5,6630	3,4722	904,78	65144,1	288
289	83521	24137569	17,0000	6,6115	5,6664	3,4602	907,92	65597,2	289
290	84100	24389000	17,0294	6,6191	5,6699	3,4483	911,06	66052,0	290
291	84681	24642171	17,0587	6,6267	5,6733	3,4364	914,20	66508,3	291
292	85264	24897088	17,0880	6,6343	5,6768	3,4247	917,35	66966,2	292
293	85849	25153757	17,1172	6,6419	5,6802	3,4130	920,49	67425,6	293
294	86436	25412184	17,1464	6,6494	5,6836	3,3784	923,63	67886,7	294
295	87025	25672375	17,1756	6,6569	5,6870	3,3898	926,77	68349,3	295
296	87616	25934336	17,2047	6,6644	5,6904	3,3784	929,91	68813,4	296
297	88209	26198073	17,2337	6,6719	5,6937	3,3670	933,05	69279,2	297
298	88804	26463592	17,2627	6,6794	5,6971	3,3557	936,19	69746,5	298
299	89401	26730899	17,2916	6,6869	5,7004	3,3445	939,34	70215,4	299
300	90000	27000000	17,3205	6,6943	5,7038	3,3333	942,48	70685,8	300

n	n^2	n^3	$\sqrt{n}$	$\sqrt[3]{n}$	$\ln n$	$\dfrac{1000}{n}$	πn	$\dfrac{\pi n^2}{4}$	n
300	90000	27000000	17,3205	6,6943	5,7038	3,3333	942,48	70685,8	300
301	90601	27270901	17,3494	6,7018	5,7071	3,3223	945,62	71157,9	301
302	91204	27543608	17,3781	6,7092	5,7104	3,3113	948,76	71631,5	302
303	91809	27818127	17,4069	6,7166	5,7137	3,3003	951,90	72106,6	303
304	92416	28094464	17,4356	6,7240	5,7170	3,2895	955,04	72583,4	304
305	93025	28372625	17,4642	6,7313	5,7203	3,2787	958,19	73061,7	305
306	93636	28652616	17,4929	6,7387	5,7236	3,2680	961,33	73541,5	306
307	94249	28934443	17,5214	6,7460	5,7268	3,2573	964,47	74023,0	307
308	94864	29218112	17,5499	6,7533	5,7301	3,2468	967,61	74506,0	308
309	95481	29503629	17,5784	6,7606	5,7333	3,2363	970,75	74990,6	309
310	96100	29791000	17,6068	6,7679	5,7366	3,2258	973,89	75476,8	310
311	96721	30080231	17,6352	6,7752	5,7398	3,2154	977,04	75964,5	311
312	97344	30371328	17,6635	6,7824	5,7430	3,2051	980,18	76453,8	312
313	97969	30664297	17,6918	6,7897	5,7462	3,1949	983,32	76944,7	313
314	98596	30959144	17,7200	6,7969	5,7494	3,1847	986,46	77437,1	314
315	99225	31255875	17,7482	6,8041	5,7526	3,1746	989,60	77931,1	315
316	99856	31554496	17,7764	6,8113	5,7557	3,1646	992,74	78426,7	316
317	100489	31855013	17,8045	6,8185	5,7589	3,1546	995,88	78923,9	317
318	101124	32157432	17,8326	6,8256	5,7621	3,1447	999,03	79422,6	318
319	101761	32461759	17,8606	6,8328	5,7652	3,1348	1002,2	79922,9	319
320	102400	32768000	17,8885	6,8399	5,7683	3,1250	1005,3	80424,8	320
321	103041	33076161	17,9165	6,8470	5,7714	3,1153	1008,5	80928,2	321
322	103684	33386248	17,9444	6,8541	5,7746	3,1056	1011,6	81433,2	322
323	104329	33698267	17,9722	6,8612	5,7777	3,0960	1014,7	81939,8	323
324	104976	34012224	18,0000	6,8683	5,7807	3,0864	1017,9	82448,0	324
325	105625	34328125	18,0278	6,8753	5,7838	3,0769	1021,0	82957,7	325
326	106276	34645976	18,0555	6,8824	5,7869	3,0675	1024,2	83469,0	326
327	106929	34965783	18,0831	6,8894	5,7900	3,0581	1027,3	83981,8	327
328	107584	35287552	18,1108	6,8964	5,7930	3,0488	1030,4	84496,3	328
329	108241	35611289	18,1384	6,9034	5,7961	3,0395	1033,6	85012,3	329
330	108900	35937000	18,1659	6,9104	5,7991	3,0303	1036,7	85529,9	330
331	109561	36264691	18,1934	6,9174	5,8021	3,0212	1039,9	86049,0	331
332	110224	36594368	18,2209	6,9244	5,8051	3,0121	1043,0	86569,7	332
333	110889	36926037	18,2483	6,9313	5,8081	3,0030	1046,2	87092,0	333
334	111556	37259704	18,2757	6,9382	5,8111	2,9940	1049,3	87615,9	334
335	112225	37595375	18,3030	6,9451	5,8141	2,9851	1052,4	88141,3	335
336	112896	37933056	18,3303	6,9521	5,8171	2,9762	1055,6	88668,3	336
337	113569	38272753	18,3576	6,9589	5,8201	2,9674	1058,7	89196,9	337
338	114244	38614472	18,3848	6,9658	5,8230	2,9586	1061,9	89727,0	338
339	114921	38958219	18,4120	6,9727	5,8260	2,9499	1065,0	90258,7	339
340	115600	39304000	18,4391	6,9795	5,8289	2,9412	1068,1	90792,0	340
341	116281	39651821	18,4662	6,9864	5,8319	2,9326	1071,3	91326,9	341
342	116964	40001688	18,4932	6,9932	5,8348	2,9240	1074,4	91863,3	342
343	117649	40353607	18,5203	7,0000	5,8377	2,9155	1077,6	92401,3	343
344	118336	40707584	18,5472	7,0068	5,8406	2,9070	1080,7	92940,9	344
345	119025	41063625	18,5742	7,0136	5,8435	2,8986	1083,8	93482,0	345
346	119716	41421736	18,6011	7,0203	5,8464	2,8902	1087,0	94024,7	346
347	120409	41781923	18,6279	7,0271	5,8493	2,8818	1090,1	94569,0	347
348	121104	42144192	18,6548	7,0338	5,8522	2,8736	1093,3	95114,9	348
349	121801	42508549	18,6815	7,0406	5,8551	2,8653	1096,4	95662,3	349
350	122500	42875000	18,7083	7,0473	5,8579	2,8571	1099,6	96211,3	350

n	n^2	n^3	$\sqrt{n}$	$\sqrt[3]{n}$	$\ln n$	$\dfrac{1000}{n}$	πn	$\dfrac{\pi n^2}{4}$	n
350	122500	42875000	18,7083	7,0473	5,8579	2,8571	1099,6	96211,3	350
351	123201	43243551	18,7350	7,0540	5,8608	2,8490	1102,7	96761,8	351
352	123904	43614208	18,7617	7,0607	5,8636	2,8409	1105,8	97314,0	352
353	124609	43986977	18,7883	7,0674	5,8665	2,8329	1109,0	97867,7	353
354	125316	44361864	18,8149	7,0740	5,8693	2,8249	1112,1	98423,0	354
355	126025	44738875	18,8414	7,0807	5,8721	2,8169	1115,3	98979,8	355
356	126736	45118016	18,8680	7,0873	5,8749	2,8090	1118,4	99538,2	356
357	127449	45499293	18,8944	7,0940	5,8777	2,8011	1121,5	100098	357
358	128164	45882712	18,9209	7,1006	5,8805	2,7932	1124,7	100660	358
359	128881	46268279	18,9473	7,1072	5,8833	2,7855	1127,8	101223	359
360	129600	46656000	18,9737	7,1138	5,8861	2,7778	1131,0	101788	360
361	130321	47045881	19,0000	7,1204	5,8889	2,7701	1134,1	102354	361
362	131044	47437928	19,0263	7,1269	5,8916	2,7624	1137,3	102922	362
363	131769	47832147	19,0526	7,1335	5,8944	2,7548	1140,4	103491	363
364	132496	48228544	19,0788	7,1400	5,8972	2,7473	1143,5	104062	364
365	133225	48627125	19,1050	7,1466	5,8999	2,7397	1146,7	104635	365
366	133956	49027896	19,1311	7,1531	5,9026	2,7322	1149,8	105209	366
367	134689	49430863	19,1572	7,1596	5,9054	2,7248	1153,0	105785	367
368	135424	49836032	19,1833	7,1661	5,9081	2,7174	1156,1	106362	368
369	136161	50243409	19,2094	7,1726	5,9108	2,7100	1159,2	106941	369
370	136900	50653000	19,2354	7,1791	5,9135	2,7027	1162,4	107521	370
371	137641	51064811	19,2614	7,1855	5,9162	2,6954	1165,5	108103	371
372	138384	51478848	19,2873	7,1920	5,9189	2,6882	1168,7	108687	372
373	139129	51895117	19,3132	7,1984	5,9216	2,6810	1171,8	109272	373
374	139876	52313624	19,3391	7,2048	5,9243	2,6738	1175,0	109858	374
375	140625	52734375	19,3649	7,2112	5,9269	2,6667	1178,1	110447	375
376	141376	53157376	19,3907	7,2177	5,9296	2,6596	1181,2	111036	376
377	142129	53582633	19,4165	7,2240	5,9322	2,6525	1184,4	111628	377
378	142884	54010152	19,4422	7,2304	5,9349	2,6455	1187,5	112221	378
379	143641	54439939	19,4679	7,2368	5,9375	2,6385	1190,7	112815	379
380	144400	54872000	19,4936	7,2432	5,9402	2,6316	1193,8	113411	380
381	145161	55306341	19,5192	7,2495	5,9428	2,6247	1196,9	114009	381
382	145924	55742968	19,5448	7,2558	5,9454	2,6178	1200,1	114608	382
383	146689	56181887	19,5704	7,2622	5,9480	2,6110	1203,2	115209	383
384	147456	56623104	19,5959	7,2685	5,9506	2,6042	1206,4	115812	384
385	148225	57066625	19,6214	7,2748	5,9532	2,5974	1209,5	116416	385
386	148996	57512456	19,6469	7,2811	5,9558	2,5907	1212,7	117021	386
387	149769	57960603	19,6723	7,2874	5,9584	2,5840	1215,8	117628	387
388	150544	58411072	19,6977	7,2936	5,9610	2,5773	1218,9	118237	388
389	151321	58863869	19,7231	7,2999	5,9636	2,5707	1222,1	118847	389
390	152100	59319000	19,7484	7,3061	5,9661	2,5641	1225,2	119459	390
391	152881	59776471	19,7737	7,3124	5,9687	2,5575	1228,4	120072	391
392	153664	60236288	19,7990	7,3186	5,9713	2,5510	1231,5	120687	392
393	154449	60698457	19,8242	7,3248	5,9738	2,5445	1234,6	121304	393
394	155236	61162984	19,8494	7,3310	5,9764	2,5381	1237,8	121922	394
395	156025	61629875	19,8746	7,3372	5,9789	2,5317	1240,9	122542	395
396	156816	62099136	19,8997	7,3434	5,9814	2,5253	1244,1	123163	396
397	157609	62570773	19,9249	7,3496	5,9839	2,5189	1247,2	123786	397
398	158404	63044792	19,9499	7,3558	5,9865	2,5126	1250,4	124410	398
399	159201	63521199	19,9750	7,3619	5,9890	2,5063	1253,5	125036	399
400	160000	64000000	20,0000	7,3681	5,9915	2,5000	1256,6	125664	400

n	n^2	n^3	$\sqrt{n}$	$\sqrt[3]{n}$	$\ln n$	$\dfrac{1000}{n}$	πn	$\dfrac{\pi n^2}{4}$	n
400	160000	64000000	20,0000	7,3681	5,9915	2,5000	1256,6	**125664**	**400**
401	160801	64481201	20,0250	7,3742	5,9940	2,4938	1259,8	126293	401
402	161604	64964808	20,0499	7,3803	5,9965	2,4876	1262,9	126923	402
403	162409	65450827	20,0749	7,3864	5,9989	2,4814	1266,1	127556	403
404	163216	65939264	20,0998	7,3925	6,0014	2,4753	1269,2	128190	404
405	164025	66430125	20,1246	7,3986	6,0039	2,4691	1272,3	128825	405
406	164836	66923416	20,1494	7,4047	6,0064	2,4631	1275,5	129462	406
407	165649	67419143	20,1742	7,4108	6,0088	2,4570	1278,6	130100	407
408	166464	67917312	20,1990	7,4169	6,0113	2,4510	1281,8	130741	408
409	167281	68417929	20,2237	7,4229	6,0137	2,4450	1284,9	131382	409
410	168100	68921000	20,2485	7,4290	6,0162	2,4390	1288,1	132025	**410**
411	168921	69426531	20,2731	7,4350	6,0186	2,4331	1291,2	132670	411
412	169744	69934528	20,2978	7,4410	6,0210	2,4272	1294,3	133317	412
413	170569	70444997	20,3224	7,4470	6,0234	2,4213	1297,5	133965	413
414	171396	70957944	20,3470	7,4530	6,0259	2,4155	1300,6	134614	414
415	172225	71473375	20,3715	7,4590	6,0283	2,4096	1303,8	135265	415
416	173056	71991296	20,3961	7,4650	6,0307	2,4030	1306,9	135918	416
417	173889	72511713	20,4206	7,4710	6,0331	2,3981	1310,0	136572	417
418	174724	73034632	20,4450	7,4770	6,0355	2,3923	1313,2	137228	418
419	175561	73560059	20,4695	7,4829	6,0379	2,3866	1316,3	137885	419
420	176400	74088000	20,4939	7,4889	6,0403	2,3810	1319,5	138544	**420**
421	177241	74618461	20,5183	7,4948	6,0426	2,3753	1322,6	139205	421
422	178084	75151448	20,5426	7,5007	6,0450	2,3697	1325,8	139867	422
423	178929	75686967	20,5670	7,5067	6,0474	2,3641	1328,9	140531	423
424	179776	76225024	20,5913	7,5126	6,0497	2,3585	1332,0	141196	424
425	180625	76765625	20,6155	7,5185	6,0521	2,3529	1335,2	141863	425
426	181476	77308776	20,6398	7,5244	6,0544	2,3474	1338,3	142531	426
427	182329	77854483	20,6640	7,5302	6,0568	2,3419	1341,5	143201	427
428	183184	78402752	20,6882	7,5361	6,0591	2,3365	1344,6	143872	428
429	184041	78953589	20,7123	7,5420	6,0615	2,3310	1347,7	144545	429
430	184900	79507000	20,7364	7,5478	6,0638	2,3256	1350,9	145220	**430**
431	185761	80062991	20,7605	7,5537	6,0661	2,3202	1354,0	145896	431
432	186624	80621568	20,7846	7,5595	6,0684	2,3148	1357,2	146574	432
433	187489	81182737	20,8087	7,5654	6,0707	2,3095	1360,3	147254	433
434	188356	81746504	20,8327	7,5712	6,0730	2,3042	1363,5	147934	434
435	189225	82312875	20,8567	7,5770	6,0753	2,2989	1366,6	148617	435
436	190096	82881856	20,8806	7,5828	6,0776	2,2936	1369,7	149301	436
437	190969	83453453	20,9045	7,5886	6,0799	2,2883	1372,9	149987	437
438	191844	84027672	20,9284	7,5944	6,0822	2,2831	1376,0	150674	438
439	192721	84604519	20,9523	7,6001	6,0845	2,2779	1379,2	151363	439
440	193600	85184000	20,9762	7,6059	6,0868	2,2727	1382,3	152053	**440**
441	194481	85766121	21,0000	7,6117	6,0936	2,2573	1385,4	152745	441
442	195364	86350888	21,0238	7,6174	6,0913	2,2624	1388,6	153439	442
443	196249	86938307	21,0476	7,6232	6,0936	2,2578	1391,7	154134	443
444	197136	87528384	21,0713	7,6289	6,0958	2,2523	1394,9	154830	444
445	198025	88121125	21,0950	7,6346	6,0981	2,2472	1398,0	155528	445
446	198916	88716536	21,1187	7,6403	6,1003	2,2422	1401,2	156228	446
447	199809	89314623	21,1424	7,6460	6,1026	2,2371	1404,3	156930	447
448	200704	89915392	21,1660	7,6517	6,1048	2,2321	1407,4	157633	448
449	201601	90518849	21,1896	7,6574	6,1070	2,2272	1410,6	158337	449
450	202500	91125000	21,2132	7,6631	6,1092	2,2222	1413,7	159043	**450**

n	n^2	n^3	$\sqrt{n}$	$\sqrt[3]{n}$	$\ln n$	$\dfrac{1000}{n}$	$\pi\,n$	$\dfrac{\pi\,n^2}{4}$	n
450	202500	91125000	21,2132	7,6631	6,1092	2,2222	1413,7	159043	450
451	203401	91733851	21,2368	7,6688	6,1115	2,2173	1416,9	159751	451
452	204304	92345408	21,2603	7,6744	6,1137	2,2124	1420,0	160460	452
453	205209	92959677	21,2838	7,6801	6,1159	2,2075	1423,1	161171	453
454	206116	93576664	21,3073	7,6857	6,1181	2,2026	1426,3	161883	454
455	207025	94196375	21,3307	7,6914	6,1203	2,1978	1429,4	162597	455
456	207936	94818816	21,3542	7,6970	6,1225	2,1930	1432,6	163313	456
457	208849	95443993	21,3776	7,7026	6,1247	2,1882	1435,7	164030	457
458	209764	96071912	21,4009	7,7082	6,1269	2,1834	1438,8	164748	458
459	210681	96702579	21,4243	7,7138	6,1291	2,1787	1442,0	165468	459
460	211600	97336000	21,4476	7,7194	6,1312	2,1739	1445,1	166190	460
461	212521	97972181	21,4709	7,7250	6,1334	2,1692	1448,3	166914	461
462	213444	98611128	21,4942	7,7306	6,1356	2,1645	1451,4	167639	462
463	214369	99252847	21,5174	7,7362	6,1377	2,1598	1454,6	168365	463
464	215296	99897344	21,5407	7,7418	6,1399	2,1552	1457,7	169093	464
465	216225	100544625	21,5639	7,7473	6,1420	2,1505	1460,8	169823	465
466	217156	101194696	21,5870	7,7529	6,1442	2,1459	1464,0	170554	466
467	218089	101847563	21,6102	7,7584	6,1463	2,1413	1467,1	171287	467
468	219024	102503232	21,6333	7,7639	6,1485	2,1368	1470,3	172021	468
469	219961	103161709	21,6564	7,7695	6,1506	2,1322	1473,4	172757	469
470	220900	103823000	21,6795	7,7750	6,1527	2,1277	1476,5	173494	470
471	221841	104487111	21,7025	7,7805	6,1549	2,1231	1479,7	174234	471
472	222784	105154048	21,7256	7,7860	6,1570	2,1186	1482,8	174974	472
473	223729	105823817	21,7486	7,7915	6,1591	2,1142	1486,0	175716	473
474	224676	106496424	21,7715	7,7970	6,1612	2,1097	1489,1	176460	474
475	225625	107171875	21,7945	7,8025	6,1633	2,1053	1492,3	177205	475
476	226576	107850176	21,8174	7,8079	6,1654	2,1008	1495,4	177952	476
477	227529	108531333	21,8403	7,8134	6,1675	2,0964	1498,5	178701	477
478	228484	109215352	21,8632	7,8188	6,1696	2,0921	1501,7	179451	478
479	229441	109902239	21,8861	7,8243	6,1717	2,0877	1504,8	180203	479
480	230400	110592000	21,9089	7,8297	6,1738	2,0833	1508,0	180956	480
481	231361	111284641	21,9317	7,8352	6,1759	2,0790	1511,1	181711	481
482	232324	111980168	21,9545	7,8406	6,1779	2,0747	1514,2	182467	482
483	233289	112678587	21,9773	7,8460	6,1800	2,0704	1517,4	183225	483
484	234256	113379904	22,0000	7,8514	6,1821	2,0661	1520,5	183984	484
485	235225	114084125	22,0227	7,8568	6,1841	2,0619	1523,7	184745	485
486	236196	114791256	22,0454	7,8622	6,1862	2,0576	1526,8	185508	486
487	237169	115501303	22,0681	7,8676	6,1883	2,0534	1530,0	186272	487
488	238144	116214272	22,0907	7,8730	6,1903	2,0492	1533,1	187038	488
489	239121	116930169	22,1133	7,8784	6,1924	2,0450	1536,2	187805	489
490	240100	117649000	22,1359	7,8837	6,1944	2,0408	1539,4	188574	490
491	241081	118370771	22,1585	7,8891	6,1964	2,0367	1542,5	189345	491
492	242064	119095488	22,1811	7,8944	6,1985	2,0325	1545,7	190117	492
493	243049	119823157	22,2036	7,8998	6,2005	2,0284	1548,8	190890	493
494	244036	120553784	22,2261	7,9051	6,2025	2,0243	1551,9	191665	494
495	245025	121287475	22,2486	7,9105	6,2046	2,0202	1555,1	192442	495
496	246016	122023936	22,2711	7,9158	6,2066	2,0161	1558,2	193221	496
497	247009	122763473	22,2935	7,9211	6,2086	2,0121	1561,4	194000	497
498	248004	123505992	22,3159	7,9264	6,2106	2,0080	1564,5	194782	498
499	249001	124251499	22,3383	7,9317	6,2126	2,0040	1567,7	195565	499
500	250000	125000000	22,3607	7,9370	6,2146	2,0000	1570,8	196350	500

n	n^2	n^3	$\sqrt{n}$	$\sqrt[3]{n}$	$\ln n$	$\dfrac{1000}{n}$	πn	$\dfrac{\pi n^2}{4}$	n
500	250000	125000000	22,3607	7,9370	6,2146	2,0000	1570,8	196350	500
501	251001	125751501	22,3830	7,9423	6,2166	1,9960	1573,9	197136	501
502	252004	126506008	22,4054	7,9476	6,2186	1,9920	1577,1	197923	502
503	253009	127263527	22,4277	7,9528	6,2206	1,9881	1580,2	198713	503
504	254016	128024064	22,4499	7,9581	6,2226	1,9841	1583,4	199504	504
505	255025	128787625	22,4722	7,9634	6,2246	1,9802	1586,5	200296	505
506	256036	129554216	22,4944	7,9686	6,2265	1,9763	1589,6	201090	506
507	257049	130323843	22,5167	7,9739	6,2285	1,9724	1592,8	201886	507
508	258064	131096512	22,5389	7,9791	6,2305	1,9685	1595,9	202683	508
509	259081	131872229	22,5610	7,9843	6,2324	1,9646	1599,1	203482	509
510	260100	132651000	22,5832	7,9896	6,2344	1,9608	1602,2	204282	510
511	261121	133432831	22,6053	7,9948	6,2364	1,9570	1605,4	205084	511
512	262144	134217728	22,6274	8,0000	6,2383	1,9531	1608,5	205887	512
513	263169	135005697	22,6495	8,0052	6,2403	1,9493	1611,6	206692	513
514	264196	135796744	22,6716	8,0104	6,2422	1,9455	1614,8	207499	514
515	265225	136590875	22,6936	8,0156	6,2442	1,9418	1617,9	208307	515
516	266256	137388096	22,7156	8,0208	6,2461	1,9380	1621,1	209117	516
517	267289	138188413	22,7376	8,0260	6,2480	1,9342	1624,2	209928	517
518	268324	138991832	22,7596	8,0311	6,2500	1,9305	1627,3	210741	518
519	269361	139798359	22,7816	8,0363	6,2519	1,9268	1630,5	211556	519
520	270400	140608000	22,8035	8,0415	6,2538	1,9231	1633,6	212372	520
521	271441	141420761	22,8254	8,0466	6,2558	1,9194	1636,8	213189	521
522	272484	142236648	22,8473	8,0517	6,2577	1,9157	1639,9	214008	522
523	273529	143055667	22,8692	8,0569	6,2596	1,9121	1643,1	214829	523
524	274576	143877824	22,8910	8,0620	6,2615	1,9084	1646,2	215651	524
525	275625	144703125	22,9129	8,0671	6,2634	1,9048	1649,3	216475	525
526	276676	145531576	22,9347	8,0723	6,2653	1,9011	1652,5	217301	526
527	277729	146363183	22,9565	8,0774	6,2672	1,8975	1655,6	218128	527
528	278784	147197952	22,9783	8,0825	6,2691	1,8939	1658,8	218956	528
529	279841	148035889	23,0000	8,0876	6,2710	1,8904	1661,9	219787	529
530	280900	148877000	23,0217	8,0927	6,2729	1,8868	1665,0	220618	530
531	281961	149721291	23,0434	8,0978	6,2748	1,8832	1668,2	221452	531
532	283024	150568768	23,0651	8,1028	6,2766	1,8797	1671,3	222287	532
533	284089	151419437	23,0868	8,1079	6,2785	1,8762	1674,5	223123	533
534	285156	152273304	23,1084	8,1130	6,2804	1,8727	1677,6	223961	534
535	286225	153130375	23,1301	8,1180	6,2823	1,8692	1680,8	224801	535
536	287296	153990656	23,1517	8,1231	6,2841	1,8657	1683,9	225642	536
537	288369	154854153	23,1733	8,1281	6,2860	1,8622	1687,0	226484	537
538	289444	155720872	23,1948	8,1332	6,2879	1,8587	1690,2	227329	538
539	290521	156590819	23,2164	8,1382	6,2897	1,8553	1693,3	228175	539
540	291600	157464000	23,2379	8,1433	6,2916	1,8519	1696,5	229022	540
541	292681	158340421	23,2594	8,1483	6,2934	1,8484	1699,6	229871	541
542	293764	159220088	23,2809	8,1533	6,2953	1,8450	1702,7	230722	542
543	294849	160103007	23,3024	8,1583	6,2971	1,8416	1705,9	231574	543
544	295936	160989184	23,3238	8,1633	6,2989	1,8382	1709,0	232428	544
545	297025	161878625	23,3452	8,1683	6,3008	1,8349	1712,2	233283	545
546	298116	162771336	23,3666	8,1733	6,3026	1,8315	1715,3	234140	546
547	299209	163667323	23,3880	8,1783	6,3044	1,8282	1718,5	234998	547
548	300304	164566592	23,4094	8,1833	6,3063	1,8248	1721,6	235858	548
549	301401	165469149	23,4307	8,1882	6,3081	1,8215	1724,7	236720	549
550	302500	166375000	23,4521	8,1932	6,3099	1,8182	1727,9	237583	550

n	n^2	n^3	$\sqrt{n}$	$\sqrt[3]{n}$	$\ln n$	$\dfrac{1000}{n}$	πn	$\dfrac{\pi n^2}{4}$	n
550	302500	166375000	23,4521	8,1932	6,3099	1,8182	1727,9	237583	550
551	303601	167284151	23,4734	8,1982	6,3117	1,8149	1731,0	238448	551
552	304704	168196608	23,4947	8,2031	6,3135	1,8116	1734,2	239314	552
553	305809	169112377	23,5160	8,2081	6,3154	1,8083	1737,3	240182	553
554	306916	170031464	23,5372	8,2130	6,3172	1,8051	1740,4	241051	554
555	308025	170953875	23,5584	8,2180	6,3190	1,8018	1743,6	241922	555
556	309136	171879616	23,5797	8,2229	6,3208	1,7986	1746,7	242795	556
557	310249	172808693	23,6008	8,2278	6,3226	1,7953	1749,9	243669	557
558	311364	173741112	23,6220	8,2327	6,3244	1,7921	1753,0	244545	558
559	312481	174676879	23,6432	8,2377	6,3261	1,7889	1756,2	245422	559
560	313600	175616000	23,6643	8,2426	6,3279	1,7857	1759,3	246301	560
561	314721	176558481	23,6854	8,2475	6,3297	1,7825	1762,4	247181	561
562	315844	177504328	23,7065	8,2524	6,3315	1,7794	1775,6	248063	562
563	316969	178453547	23,7276	8,2573	6.3333	1,7762	1768,7	248947	563
564	318096	179406144	23,7487	8,2621	6,3351	1,7731	1771,9	249832	564
565	319225	180362125	23,7697	8,2670	6,3368	1,7699	1775,0	250719	565
566	320356	181321496	23,7908	8,2719	6,3386	1,7668	1778,1	251607	566
567	321489	182284263	23,8118	8,2768	6,3404	1,7637	1781,3	252497	567
568	322624	183250432	23,8328	8,2816	6,3421	1,7606	1784,4	253388	568
569	323761	184220009	23,8537	8,2865	6,3439	1,7575	1787,6	254281	569
570	324900	185193000	23,8747	8,2913	6,3456	1,7544	1790,7	255176	570
571	326041	186169411	23,8956	8,2962	6,3474	1,7513	1793,8	256072	571
572	327184	187149248	23,9165	8,3010	6,3491	1,7483	1797,0	256970	572
573	328329	188132517	23,9374	8,3059	6,3509	1,7452	1800,1	257869	573
574	329476	189119224	23,9583	8,3107	6,3526	1,7422	1803,3	258770	574
575	330625	190109375	23,9792	8,3155	6,3544	1,7391	1806,4	259672	575
576	331776	191102976	24,0000	8,3203	6,3561	1,7361	1809,6	260576	576
577	332929	192100003	24,0208	8,3251	6,3578	1,7331	1812,7	261482	577
578	334084	193100552	24,0416	8,3300	6,3596	1,7301	1815,8	262389	578
579	335241	194104539	24,0624	8,3348	6,3613	1,7271	1819,0	263298	579
580	336400	195112000	24,0832	8,3396	6,3630	1,7241	1822,1	264208	580
581	337561	196122941	24,1039	8,3443	6,3648	1,7212	1825,3	265120	581
582	338724	197137368	24,1247	8,3491	6,3665	1,7182	1828,4	266033	582
583	339889	198155287	24,1454	8,3539	6,3682	1,7153	1831,6	266948	583
584	341056	199176704	24,1661	8,3587	6,3699	1,7123	1834,7	267865	584
585	342225	200201625	24,1868	8,3634	6,3716	1,7094	1837,8	268783	585
586	343396	201230056	24,2074	8,3682	6,3733	1,7065	1841,0	269703	586
587	344569	202262003	24,2281	8,3730	6,3750	1,7036	1844,1	270624	587
588	345744	203297472	24,2487	8,3777	6,3767	1,7007	1847,3	271547	588
589	346921	204336469	24,2693	8,3825	6,3784	1,6978	1850,4	272471	589
590	348100	205379000	24,2899	8,3872	6,3801	1,6949	1853,5	273397	590
591	349281	206425071	24,3105	8,3919	6,3818	1,6921	1856,7	274325	591
592	350464	207474688	24,3311	8,3967	6,3835	1,6892	1859,8	275254	592
593	351649	208527857	24,3516	8,4014	6,3852	1,6863	1863,0	276184	593
594	352836	209584584	24,3721	8,4061	6,3869	1,6835	1866,1	277117	594
595	354025	210644875	24,3926	8,4108	6,3886	1,6807	1869,2	278051	595
596	355216	211708736	24,4131	8,4155	6,3902	1,6779	1872,4	278986	596
597	356409	212776173	24,4336	8,4202	6,3919	1,6750	1875,5	279923	597
598	357604	213847192	24,4540	8,4249	6,3936	1,6722	1878,7	280862	598
599	358801	214921799	24,4745	8,4296	6,3953	1,6695	1881,8	281802	599
600	360000	216000000	24,4949	8,4343	6,3969	1,6667	1885,	282743	600

n	n^2	n^3	$\sqrt{n}$	$\sqrt[3]{n}$	$\ln n$	$\dfrac{1000}{n}$	πn	$\dfrac{\pi n^2}{4}$	n
600	360000	216000000	24,4949	8,4343	6,3969	1,6667	1885,0	282743	600
601	361201	217081801	24,5153	8,4390	6,3986	1,6639	1888,1	283687	601
602	362404	218167208	24,5357	8,4437	6,4003	1,6611	1891,2	284631	602
603	363609	219256227	24,5561	8,4484	6,4019	1,6584	1894,4	285578	603
604	364816	220348864	24,5764	8,4530	6,4036	1,6556	1897,5	286526	604
605	366025	221445125	24,5967	8,4577	6,4052	1,6529	1900,7	287475	605
606	367236	222545016	24,6171	8,4623	6,4069	1,6502	1903,8	288426	606
607	368449	223648543	24,6374	8,4670	6,4085	1,6475	1906,9	289379	607
608	369664	224755712	24,6577	8,4716	6,4102	1,6447	1910,1	290333	608
609	370881	225866529	24,6779	8,4763	6,4118	1,6420	1913,2	291289	609
610	372100	226981000	24,6982	8,4809	6,4135	1,6393	1916,4	292247	610
611	373321	228099131	24,7184	8,4856	6,4151	1,6367	1919,5	293206	611
612	374544	229220928	24,7386	8,4902	6,4167	1,6340	1922,7	294166	612
613	375769	230346397	24,7588	8,4948	6,4184	1,6313	1925,8	295128	613
614	376996	231475544	24,7790	8,4994	6,4200	1,6287	1928,9	296092	614
615	378225	232608375	24,7992	8,5040	6,4216	1,6260	1932,1	297057	615
616	379456	233744896	24,8193	8,5086	6,4232	1,6234	1935,2	298024	616
617	380689	234885113	24,8395	8,5132	6,4249	1,6208	1938,4	298992	617
618	381924	236029032	24,8596	8,5178	6,4265	1,6181	1941,5	299962	618
619	383161	237176659	24,8797	8,5224	6,4281	1,6155	1944,6	300934	619
620	384400	238328000	24,8998	8,5270	6,4297	1,6129	1947,8	301907	620
621	385641	239483061	24,9199	8,5316	6,4313	1,6103	1950,9	302882	621
622	386884	240641848	24,9399	8,5362	6,4329	1,6077	1954,1	303858	622
623	388129	241804367	24,9600	8,5408	6,4345	1,6051	1957,2	304836	623
624	389376	242970624	24,9800	8,5453	6,4362	1,6026	1960,4	305815	624
625	390625	244140625	25,0000	8,5499	6,4378	1,6000	1963,5	306796	625
626	391876	245314376	25,0200	8,5544	6,4394	1,5974	1966,6	307779	626
627	393129	246491883	25,0400	8,5590	6,4409	1,5949	1969,8	308763	627
628	394384	247673152	25,0599	8,5635	6,4425	1,5924	1972,9	309748	628
629	395641	248858189	25,0799	8,5681	6,4441	1,5898	1976,1	310736	629
630	396900	250047000	25,0998	8,5726	6,4457	1,5873	1979,2	311725	630
631	398161	251239591	25,1197	8,5772	6,4473	1,5848	1982,3	312715	631
632	399424	252435968	25,1396	8,5817	6,4489	1,5823	1985,5	313707	632
633	400689	253636137	25,1595	8,5862	6,4505	1,5798	1988,6	314700	633
634	401956	254840104	25,1794	8,5907	6,4520	1,5773	1991,8	315696	634
635	403225	256047875	25,1992	8,5952	6,4536	1,5748	1994,9	316692	635
636	404496	257259456	25,2190	8,5997	6,4552	1,5723	1998,1	317690	636
637	405769	258474853	25,2389	8,6043	6,4568	1,5697	2001,2	318690	637
638	407044	259694072	25,2587	8,6088	6,4583	1,5674	2004,3	319692	638
639	408321	260917119	25,2784	8,6132	6,4599	1,5650	2007,5	320695	639
640	409600	262144000	25,2982	8,6177	6,4615	1,5625	2010,6	321699	640
641	410881	263374721	25,3180	8,6222	6,4630	1,5601	2013,8	322705	641
642	412164	264609288	25,3377	8,6267	6,4646	1,5576	2016,9	323713	642
643	413449	265847707	25,3574	8,6312	6,4661	1,5552	2020,0	324722	643
644	414736	267089984	25,3772	8,6357	6,4677	1,5528	2023,2	325733	644
645	416025	268336125	25,3969	8,6401	6,4693	1,5504	2026,3	326745	645
646	417316	269586136	25,4165	8,6446	6,4708	1,5480	2029,5	327759	646
647	418609	270840023	25,4362	8,6490	6,4723	1,5456	2032,6	328775	647
648	419904	272097792	25,4558	8,6535	6,4739	1,5432	2035,8	329792	648
649	421201	273359449	25,4755	8,6579	6,4754	1,5408	2038,9	330810	649
650	422500	274625000	25,4951	8,6624	6,4770	1,5385	2042,0	331831	650

n	n^2	n^3	$\sqrt{n}$	$\sqrt[3]{n}$	$\ln n$	$\dfrac{1000}{n}$	πn	$\dfrac{\pi n^2}{4}$	n
650	422500	274625000	25,4951	8,6624	6,4770	1,5385	2042,0	331831	650
651	423801	275894451	25,5147	8,6668	6,4785	1,5361	2045,2	332853	651
652	425104	277167808	25,5343	8,6713	6,4800	1,5337	2048,3	333876	652
653	426409	278445077	25,5539	8,6757	6,4816	1,5314	2051,5	334901	653
654	427716	279726264	25,5734	8,6801	6,4831	1,5291	2054,6	335927	654
655	429025	281011375	25,5930	8,6845	6,4846	1,5267	2057,7	336955	655
656	430336	282300416	25,6125	8,6890	6,4862	1,5244	2060,9	337985	656
657	431649	283593393	25,6320	8,6934	6,4877	1,5221	2064,0	339016	657
658	432964	284890312	25,6515	8,6978	6,4892	1,5198	2067,2	340049	658
659	434281	286191179	25,6710	8,7022	6,4907	1,5175	2070,3	341084	659
660	435600	287496000	25,6905	8,7066	6,4922	1,5152	2073,5	342119	660
661	436921	288804781	25,7099	8,7110	6,4938	1,5129	2076,6	343157	661
662	438244	290117528	25,7294	8,7154	6,4953	1,5106	2079,7	344196	662
663	439569	291434247	25,7488	8,7198	6,4968	1,5083	2082,9	345237	663
664	440896	292754944	25,7682	8,7241	6,4983	1,5060	2086,0	346279	664
665	442225	294079625	25,7876	8,7285	6,4998	1,5038	2089,2	347323	665
666	443556	295408296	25,8070	8,7329	6,5013	1,5015	2092,3	348368	666
667	444889	296740963	25,8263	8,7373	6,5028	1,4993	2095,4	349415	667
668	446224	298077632	25,8457	8,7416	6,5043	1,4970	2098,6	350464	668
669	447561	299418309	25,8650	8,7460	6,5058	1,4948	2101,7	351514	669
670	448900	300763000	25,8844	8,7503	6,5073	1,4925	2104,9	352565	670
671	450241	302111711	25,9037	8,7547	6,5088	1,4903	2108,0	353618	671
672	451584	303464448	25,9230	8,7590	6,5103	1,4881	2111,2	354673	672
673	452929	304821217	25,9422	8,7634	6,5117	1,4859	2114,3	355730	673
674	454276	306182024	25,9615	8,7677	6,5132	1,4837	2117,4	356788	674
675	455625	307546875	25,9808	8,7721	6,5147	1,4815	2120,6	357847	675
676	456976	308915776	26,0000	8,7764	6,5162	1,4793	2123,7	358908	676
677	458329	310288733	26,0192	8,7807	6,5177	1,4771	2126,9	359971	677
678	459684	311665752	26,0384	8,7850	6,5191	1,4749	2130,0	361035	678
679	461041	313046839	26,0576	8,7893	6,5206	1,4728	2133,1	362101	679
680	462400	314432000	26,0768	8,7937	6,5221	1,4706	2136,3	363168	680
681	463761	315821241	26,0960	8,7980	6,5236	1,4684	2139,4	364237	681
682	465124	317214568	26,1151	8,8023	6,5250	1,4663	2142,6	365308	682
683	466489	318611987	26,1343	8,8066	6,5265	1,4641	2145,7	366380	683
684	467856	320013504	26,1534	8,8109	6,5280	1,4620	2148,8	367453	684
685	469225	321419125	26,1725	8,8152	6,5294	1,4599	2152,0	368528	685
686	470596	322828856	26,1916	8,8194	6,5309	1,4577	2155,1	369605	686
687	471969	324242703	26,2107	8,8237	6,5323	1,4556	2158,3	370684	687
688	473344	325660672	26,2298	8,8280	6,5338	1,4535	2161,4	371764	688
689	474721	327082769	26,2488	8,8323	6,5352	1,4514	2164,6	372845	689
690	476100	328509000	26,2679	8,8366	6,5367	1,4493	2167,7	373928	690
691	477481	329939371	26,2869	8,8408	6,5381	1,4472	2170,8	375013	691
692	478864	331373888	26,3059	8,8451	6,5396	1,4451	2174,0	376099	692
693	480249	332812557	26,3249	8,8493	6,5410	1,4430	2177,1	377187	693
694	481636	334255384	26,3439	8,8536	6,5425	1,4409	2180,3	378276	694
695	483025	335702375	26,3629	8,8578	6,5439	1,4389	2183,4	379367	695
696	484416	337153536	26,3818	8,8621	6,5453	1,4368	2186,5	380459	696
697	485809	338608873	26,4008	8,8663	6,5468	1,4347	2189,7	381553	697
698	487204	340068392	26,4197	8,8706	6,5482	1,4327	2192,8	382649	698
699	488601	341532099	26,4386	8,8748	6,5497	1,4306	2196,0	383746	699
700	490000	343000000	26,4575	8,8790	6,5511	1,4286	2199,1	384845	700

2*

n	n^2	n^3	$\sqrt{n}$	$\sqrt[3]{n}$	$\ln n$	$\dfrac{1000}{n}$	πn	$\dfrac{\pi n^2}{4}$	n
700	490000	343000000	26,4575	8,8790	6,5511	1,4286	2199,1	384845	700
701	491401	344472101	26,4764	8,8833	6,5525	1,4265	2202,3	385945	701
702	492804	345948408	26,4953	8,8875	6,5539	1,4245	2205,4	387047	702
703	494209	347428927	26,5141	8,8917	6,5554	1,4225	2208,5	388151	703
704	495616	348913664	26,5330	8,8959	6,5568	1,4205	2211,7	389256	704
705	497025	350402625	26,5518	8,9001	6,5582	1,4184	2214,8	390363	705
706	498436	351895816	26,5707	8,9043	6,5596	1,4164	2218,0	391471	706
707	499849	353393243	26,5895	8,9085	6,5610	1,4144	2221,1	392580	707
708	501264	354894912	26,6083	8,9127	6,5624	1,4124	2224,2	393692	708
709	502681	356400829	26,6271	8,9169	6,5639	1,4104	2227,4	394805	709
710	504100	357911000	26,6458	8,9211	6,5653	1,4085	2230,5	395919	710
711	505521	359425431	26,6646	8,9253	6,5667	1,4065	2233,7	397035	711
712	506944	360944128	26,6833	8,9295	6,5681	1,4045	2236,8	398153	712
713	508369	362467097	26,7021	8,9337	6,5695	1,4025	2240,0	399272	713
714	509796	363994344	26,7208	8,9378	6,5709	1,4006	2243,1	400393	714
715	511225	365525875	26,7395	8,9420	6,5723	1,3986	2246,2	401515	715
716	512656	367061696	26,7582	8,9462	6,5737	1,3967	2249,4	402639	716
717	514089	368601813	26,7769	8,9503	6,5751	1,3947	2252,5	403765	717
718	515524	370146232	26,7955	8,9545	6,5765	1,3928	2255,7	404892	718
719	516961	371694959	26,8142	8,9587	6,5779	1,3908	2258,8	406020	719
720	518400	373248000	26,8328	8,9628	6,5793	1,3889	2261,9	407150	720
721	519841	374805361	26,8514	8,9670	6,5806	1,3870	2265,1	408282	721
722	521284	376367048	26,8701	8,9711	6,5820	1,3850	2268,2	409415	722
723	522729	377933067	26,8887	8,9752	6,5834	1,3831	2271,4	410550	723
724	524176	379503424	26,9072	8,9794	6,5848	1,3812	2274,5	411687	724
725	525625	381078125	26,9258	8,9835	6,5862	1,3793	2277,7	412825	725
726	527076	382657176	26,9444	8,9876	6,5876	1,3774	2280,8	413965	726
727	528529	384240583	26,9629	8,9918	6,5889	1,3755	2283,9	415106	727
728	529984	385828352	26,9815	8,9959	6,5903	1,3736	2287,1	416248	728
729	531441	387420489	27,0000	9,0000	6,5917	1,3717	2290,2	417393	729
730	532900	389017000	27,0185	9,0041	6,5930	1,3639	2293,4	418539	730
731	534361	390617891	27,0370	9,0082	6,5944	1,3680	2296,5	419686	731
732	535824	392223168	27,0555	9,0123	6,5958	1,3661	2299,6	420835	732
733	537289	393832837	27,0740	9,0164	6,5971	1,3643	2302,8	421986	733
734	538756	395446904	27,0924	9,0205	6,5985	1,3624	2305,9	423138	734
735	540225	397065375	27,1109	9,0246	6,5999	1,3605	2309,1	424293	735
736	541696	398688256	27,1293	9,0287	6,6012	1,3587	2312,2	425447	736
737	543169	400315553	27,1477	9,0328	6,6026	1,3569	2315,4	426604	737
738	544644	401947272	27,1662	9,0369	6,6039	1,3550	2318,5	427762	738
739	546121	403583419	27,1846	9,0410	6,6053	1,3532	2321,6	428922	739
740	547600	405224000	27,2029	9,0450	6,6067	1,3514	2324,8	430084	740
741	549081	406869021	27,2213	9,0491	6,6080	1,3495	2327,9	431247	741
742	550564	408518488	27,2397	9,0532	6,6093	1,3477	2331,1	432412	742
743	552049	410172407	27,2580	9,0572	6,6107	1,3459	2334,2	433578	743
744	553536	411830784	27,2764	9,0613	6,6120	1,3441	2337,3	434746	744
745	555025	413493625	27,2947	9,0654	6,6134	1,3423	2340,5	435916	745
746	556516	415160936	27,3130	9,0694	6,6147	1,3405	2343,6	437087	746
747	558009	416832723	27,3313	9,0735	6,6161	1,3387	2346,8	438259	747
748	559504	418508992	27,3496	9,0775	6,6174	1,3369	2349,9	439433	748
749	561001	420189749	27,3679	9,0816	6,6187	1,3351	2353,1	440609	749
750	562500	421875000	27,3861	9,0856	6,6201	1,3333	2356,2	441786	750

n	n^2	n^3	$\sqrt{n}$	$\sqrt[3]{n}$	$\ln n$	$\dfrac{1000}{n}$	πn	$\dfrac{\pi n^2}{4}$	n
750	562500	421875000	27,3861	9,0856	6,6201	1,3333	2356,2	441786	750
751	564001	423564751	27,4044	9,0896	6,6214	1,3316	2359,3	442965	751
752	565504	425259008	27,4226	9,0937	6,6227	1,3298	2362,5	444146	752
753	567009	426957777	27,4408	9,0977	6,6241	1,3280	2365,6	445328	753
754	568516	428661064	27,4591	9,1017	6,6254	1,3263	2368,8	446511	754
755	570025	430368875	27,4773	9,1057	6,6267	1,3245	2371,9	447697	755
756	571536	432081216	27,4955	9,1098	6,6280	1,3228	2375,0	448883	756
757	573049	433798093	27,5136	9,1138	6,6294	1,3210	2378,2	450072	757
758	574564	435519512	27,5318	9,1178	6,6307	1,3193	2381,3	451262	758
759	576081	437245479	27,5500	9,1218	6,6320	1,3175	2384,5	452453	759
760	577600	438976000	27,5681	9,1258	6,6333	1,3158	2387,6	453646	760
761	579121	440711081	27,5862	9,1298	6,6346	1,3141	2390,8	454841	761
762	580644	442450728	27,6043	9,1338	6,6359	1,3123	2393,9	456037	762
763	582169	444194947	27,6225	9,1378	6,6373	1,3106	2397,0	457234	763
764	583696	445943744	27,6405	9,1418	6,6386	1,3089	2400,2	458434	764
765	585225	447697125	27,6586	9,1458	6,6399	1,3072	2403,3	459635	765
766	586756	449455096	27,6767	9,1498	6,6412	1,3055	2406,5	400837	766
767	588289	451217663	27,6948	9,1537	6,6425	1,3038	2409,6	462041	767
768	589824	452984832	27,7128	9,1577	6,6438	1,3021	2412,7	463247	768
769	591361	454756609	27,7308	9,1617	6,6451	1,3004	2415,	464454	769
770	592900	456533000	27,7489	9,1657	6,6464	1,2987	2419,0	465663	770
771	594441	458314011	27,7669	9,1696	6,6477	1,2970	2422,2	466873	771
772	595984	460099648	27,7849	9,1736	6,6490	1,2953	2425,3	468085	772
773	597529	461889917	27,8029	9,1775	6,6503	1,2937	2428,5	469298	773
774	599076	463684824	27,8209	9,1815	6,6516	1,2920	2431,6	470513	774
775	600625	465484375	27,8388	9,1855	6,6529	1,2903	2434,7	471730	775
776	602176	467288576	27,8568	9,1894	6,6542	1,2887	2437,9	472948	776
777	603729	469097433	27,8747	9,1933	6,6554	1,2870	2441,0	474168	777
778	605284	470910952	27,8927	9,1973	6,6567	1,2854	2444,2	475389	778
779	606841	472729139	27,9106	9,2012	6,6580	1,2837	2447,3	476612	779
780	608400	474552000	27,9285	9,2052	6,6593	1,2821	2450,4	477836	780
781	609961	476379541	27,9464	9,2091	6,6606	1,2804	2453,6	479062	781
782	611524	478211768	27,9643	9,2130	6,6619	1,2788	2456,7	480290	782
783	613089	480048687	27,9821	9,2170	6,6631	1,2771	2459,9	481519	783
784	614656	481890304	28,0000	9,2209	6,6644	1,2755	2463,0	482750	784
785	616225	483736625	28,0179	9,2248	6,6657	1,2739	2466,2	483982	785
786	617796	485587656	28,0357	9,2287	6,6670	1,2723	2469,3	485216	786
787	619369	487443403	28,0535	9,2326	6,6682	1,2707	2472,4	486451	787
788	620944	489303872	28,0713	9,2365	6,6695	1,2690	2475,6	487688	788
789	622521	491169069	28,0891	9,2404	6,6708	1,2674	2478,7	488927	789
790	624100	493039000	28,1069	9,2443	6,6720	1,2658	2481,9	490167	790
791	625681	494913671	28,1247	9,2482	6,6733	1,2642	2485,0	491409	791
792	627264	496793088	28,1425	9,2521	6,6746	1,2626	2488,1	492652	792
793	628849	498677257	28,1603	9,2560	6,6758	1,2610	2491,3	493897	793
794	630436	500566184	28,1780	9,2599	6,6771	1,2595	2494,4	495143	794
795	632025	502459875	28,1957	9,2638	6,6783	1,2579	2497,6	496391	795
796	633616	504358336	28,2135	9,2677	6,6796	1,2563	2500,7	497641	796
797	635209	506261573	28,2312	9,2716	6,6809	1,2547	2503,8	498892	797
798	636804	508169592	28,2489	9,2754	6,6821	1,2531	2507,0	500145	798
799	638401	510082399	28,2666	9,2793	6,6834	1,2516	2510,1	501399	799
800	640000	512000000	28,2843	9,2832	6,6846	1,2500	2513,3	502655	800

Erster Abschnitt: Mathematik.

n	n^2	n^3	$\sqrt{n}$	$\sqrt[3]{n}$	$\ln n$	$\dfrac{1000}{n}$	πn	$\dfrac{\pi n^2}{4}$	n
800	640000	512000000	28,2843	9,2832	6,6846	1,2500	2513,3	502655	800
801	641601	513922401	28,3019	9,2870	6,6859	1,2484	2516,4	503912	801
802	643204	515849608	28,3196	9,2909	6,6871	1,2469	2519,6	505171	802
803	644809	517781627	28,3373	9,2948	6,6884	1,2453	2522,7	506432	803
804	646416	519718464	28,3549	9,2986	6,6896	1,2438	2525,8	507694	804
805	648025	521660125	28,3725	9,3025	6,6908	1,2422	2529,0	508958	805
806	649636	523606616	28,3901	9,3063	6,6921	1,2407	2532,1	510223	806
807	651249	525557943	28,4077	9,3102	6,6933	1,2392	2535,3	511490	807
808	652864	527514112	28,4253	9,3140	6,6946	1,2376	2538,4	512758	808
809	654481	529475129	28,4429	9,3179	6,6958	1,2361	2541,5	514028	809
810	656100	531441000	28,4605	9,3217	6,6970	1,2346	2544,7	515300	810
811	657721	533411731	28,4781	9,3255	6,6983	1,2331	2547,8	516573	811
812	659344	535387328	28,4956	9,3294	6,6995	1,2315	2551,0	517848	812
813	660969	537367797	28,5132	9,3332	6,7007	1,2300	2554,1	519124	813
814	662596	539353144	28,5307	9,3370	6,7020	1,2285	2557,3	520402	814
815	664225	541343375	28,5482	9,3408	6,7032	1,2270	2560,4	521681	815
816	665856	543338496	28,5657	9,3447	6,7044	1,2255	2563,5	522962	816
817	667489	545338513	28,5832	9,3485	6,7056	1,2240	2566,7	524245	817
818	669124	547343432	28,6007	9,3523	6,7069	1,2225	2569,8	525529	818
819	670761	549353259	28,6182	9,3561	6,7081	1,2210	2573,0	526814	819
820	672400	551368000	28,6356	9,3599	6,7093	1,2195	2576,1	528102	820
821	674041	553387661	28,6531	9,3637	6,7105	1,2180	2579,2	529391	821
822	675684	555412248	28,6705	9,3675	6,7117	1,2166	2582,4	530681	822
823	677329	557441767	28,6880	9,3713	6,7130	1,2151	2585,5	531973	823
824	678976	559476224	28,7054	9,3751	6,7142	1,2136	2588,7	533267	824
825	680625	561515625	28,7228	9,3789	6,7154	1,2121	2591,8	534562	825
826	682276	563559976	28,7402	9,3827	6,7166	1,2107	2595,0	535858	826
827	683929	565609283	28,7576	9,3865	6,7178	1,2092	2598,1	537157	827
828	685584	567663552	28,7750	9,3902	6,7190	1,2077	2601,2	538456	828
829	687241	569722789	28,7924	9,3940	6,7202	1,2063	2604,4	539758	829
830	688900	571787000	28,8097	9,3978	6,7214	1,2048	2607,5	541061	830
831	690561	573856191	28,8271	9,4016	6,7226	1,2034	2610,7	542365	831
832	692224	575930368	28,8444	9,4053	6,7238	1,2019	2613,8	543671	832
833	693889	578009537	28,8617	9,4091	6,7250	1,2005	2616,9	544979	833
834	695556	580093704	28,8791	9,4129	6,7262	1,1990	2620,1	546288	834
835	697225	582182875	28,8964	9,4166	6,7274	1,1976	2623,2	547599	835
836	698896	584277056	28,9137	9,4204	6,7286	1,1962	2626,4	548912	836
837	700569	586376253	28,9310	9,4241	6,7298	1,1947	2629,5	550226	837
838	702244	588480472	28,9482	9,4279	6,7310	1,1933	2632,7	551541	838
839	703921	590589719	28,9655	9,4316	6,7322	1,1919	2635,8	552858	839
840	705600	592704000	28,9828	9,4354	6,7334	1,1905	2638,9	554177	840
841	707281	594823321	29,0000	9,4391	6,7346	1,1891	2642,1	555497	841
842	708964	596947688	29,0172	9,4429	6,7358	1,1877	2645,2	556819	842
843	710649	599077107	29,0345	9,4466	6,7370	1,1862	2648,4	558142	843
844	712336	601211584	29,0517	9,4503	6,7382	1,1848	2651,5	559467	844
845	714025	603351125	29,0689	9,4541	6,7393	1,1834	2654,6	560794	845
846	715716	605495736	29,0861	9,4578	6,7405	1,1820	2657,8	562122	846
847	717409	607645423	29,1033	9,4615	6,7417	1,1806	2660,9	563452	847
848	719104	609800192	29,1204	9,4652	6,7429	1,1793	2664,1	564783	848
849	720801	611960049	29,1376	9,4690	6,7441	1,1779	2667,2	566116	849
850	722500	614125000	29,1548	9,4727	6,7452	1,1765	2670,4	567450	850

n	n^2	n^3	$\sqrt{n}$	$\sqrt[3]{n}$	$\ln n$	$\dfrac{1000}{n}$	πn	$\dfrac{\pi n^2}{4}$	n
850	722500	614125000	29,1548	9,4727	6,7452	1,1765	2670,4	567450	850
851	724201	616295051	29,1719	9,4764	6,7464	1,1751	2673,5	568786	851
852	725904	618470208	29,1890	9,4801	6,7476	1,1737	2676,6	570124	852
853	727609	620650477	29,2062	9,4838	6,7488	1,1723	2679,8	571463	853
854	729316	622835864	29,2233	9,4875	6,7499	1,1710	2682,9	572803	854
855	731025	625026375	29,2404	9,4912	6,7511	1,1696	2686,1	574146	855
856	732736	627222016	29,2575	9,4949	6,7523	1,1682	2689,2	575490	856
857	734449	629422793	29,2746	9,4986	6,7534	1,1669	2692,3	576835	857
858	736164	631628712	29,2916	9,5023	6,7546	1,1655	2695,5	578182	858
859	737881	633839779	29,3087	9,5060	6,7558	1,1641	2698,6	579530	859
860	739600	636056000	29,3258	9,5097	6,7569	1,1628	2701,8	580880	860
861	741321	638277381	29,3428	9,5134	6,7581	1,1614	2704,9	582232	861
862	743044	640503928	29,3598	9,5171	6,7593	1,1601	2708,1	583585	862
863	744769	642735647	29,3769	9,5207	6,7604	1,1588	2711,2	584940	863
864	746496	644972544	29,3939	9,5244	6,7616	1,1574	2714,3	586297	864
865	748225	647214625	29,4109	9,5281	6,7627	1,1561	2717,5	587655	865
866	749956	649461896	29,4279	9,5317	6,7639	1,1547	2720,6	589014	866
867	751689	651714363	29,4449	9,5354	6,7650	1,1534	2723,8	590375	867
868	753424	653972032	29,4618	9,5391	6,7662	1,1521	2726,9	591738	868
869	755161	656234909	29,4788	9,5427	6,7673	1,1508	2730,0	593102	869
870	756900	658503000	29,4958	9,5464	6,7685	1,1494	2733,2	594468	870
871	758641	660776311	29,5127	9,5501	6,7696	1,1481	2736,3	595835	871
872	760384	663054848	29,5296	9,5537	6,7708	1,1468	2739,5	597204	872
873	762129	665338617	29,5466	9,5574	6,7719	1,1455	2742,6	598575	873
874	763876	667627624	29,5635	9,5610	6,7731	1,1442	2745,8	599947	874
875	765625	669921875	29,5804	9,5647	6,7742	1,1429	2748,9	601320	875
876	767376	672221376	29,5973	9,5683	6,7754	1,1416	2752,0	602696	876
877	769129	674526133	29,6142	9,5719	6,7765	1,1403	2755,2	604073	877
878	770884	676836152	29,6311	9,5756	6,7776	1,1390	2758,3	605451	878
879	772641	679151439	29,6479	9,5792	6,7788	1,1377	2761,5	606831	879
880	774400	681472000	29,6648	9,5828	6,7799	1,1364	2764,6	608212	880
881	776161	683797841	29,6816	9,5865	6,7811	1,1351	2767,7	609595	881
882	777924	686128968	29,6985	9,5901	6,7822	1,1338	2770,9	610980	882
883	779689	688465387	29,7153	9,5937	6,7833	1,1325	2774,0	612366	883
884	781456	690807104	29,7321	9,5973	6,7845	1,1312	2777,2	613754	884
885	783225	693154125	29,7489	9,6010	6,7856	1,1299	2780,3	615143	885
886	784996	695506456	29,7658	9,6046	6,7867	1,1287	2783,5	616534	886
887	786769	697864103	29,7825	9,6082	6,7878	1,1274	2786,6	617927	887
888	788544	700227072	29,7993	9,6118	6,7890	1,1261	2789,7	619321	888
889	790321	702595369	29,8161	9,6154	6,7901	1,1249	2792,9	620717	889
890	792100	704969000	29,8329	9,6190	6,7912	1,1236	2796,0	622114	890
891	793881	707347971	29,8496	9,6226	6,7923	1,1223	2799,2	623513	891
892	795664	709732288	29,8664	9,6262	6,7935	1,1211	2802,2	624913	892
893	797449	712121957	29,8831	9,6298	6,7946	1,1198	2805,4	626315	893
894	799236	714516984	29,8998	9,6334	6,7957	1,1186	2808,6	627718	894
895	801025	716917375	29,9166	9,6370	6,7968	1,1173	2811,7	629124	895
896	802816	719323136	29,9333	9,6406	6,7979	1,1161	2814,9	630530	896
897	804609	721734273	29,9500	9,6442	6,7991	1,1148	2818,0	631938	897
898	806404	724150792	29,9666	9,6477	6,8002	1,1136	2821,2	633348	898
899	808201	726572699	29,9833	9,6513	6,8013	1,1124	2824,3	634760	899
900	810000	729000000	30,0000	9,6549	6,8024	1,1111	2827,4	636173	900

n	n^2	n^3	$\sqrt{n}$	$\sqrt[3]{n}$	$\ln n$	$\dfrac{1000}{n}$	πn	$\dfrac{\pi n^2}{4}$	n
900	810000	729000000	30,0000	9,6549	6,8024	1.1111	2827,4	636173	900
901	811801	731432701	30,0167	9,6585	6,8035	1,1099	2830,6	637587	901
902	813604	733870808	30,0333	9,6620	6,8046	1,1087	2833,7	639003	902
903	815409	736314327	30,0500	9,6656	6,8057	1,1074	2836,9	640421	903
904	817216	738763264	30,0666	9,6692	6,8068	1,1062	2840,0	641840	904
905	819025	741217625	30,0832	9,6727	6,8079	1.1050	2843,1	643261	905
906	820836	743677416	30,0998	9,6763	6.8090	1,1038	2846,3	644683	906
907	822649	746142643	30,1164	9,6799	6,8101	1,1025	2849,4	646107	907
908	824464	748613312	30,1330	9,6834	6,8112	1,1013	2852,6	647533	908
909	826281	751089429	30,1496	9,6870	6,8123	1,1001	2855,7	648960	909
910	828100	753571000	30,1662	9,6905	6,8134	1,0989	2858.8	650388	910
911	829921	756058031	30,1828	9,6941	6,8145	1,0977	2862,0	651818	911
912	831744	758550528	30,1993	9,6976	6,8156	1,0965	2865,1	653250	912
913	833569	761048497	30,2159	9,7012	6,8167	1,0953	2868,3	654684	913
914	835396	763551944	30,2324	9,7047	6,8178	1,0941	2871,4	656118	914
915	837225	766060875	30,2490	9,7082	6,8189	1,0929	2874,6	657555	915
916	839056	768575296	30,2655	9,7118	6,8200	1,0917	2877,7	658993	916
917	840889	771095213	30,2820	9,7153	6,8211	1,0905	2880,8	660433	917
918	842724	773620632	30,2985	9,7188	6,8222	1,0893	2884,0	661874	918
919	844561	776151559	30,3150	9,7224	6,8233	1,0881	2887,1	663317	919
920	846400	778688000	30,3315	9,7259	6,8244	1,0870	2890,3	664761	920
921	848241	781229961	30,3480	9,7294	6,8255	1,0858	2893,4	666207	921
922	850084	783777448	30,3645	9,7329	6,8265	1,0846	2896,5	667654	922
923	851929	786330467	30,3809	9,7364	6,8276	1,0834·	2899,7	669103	923
924	853776	788889024	30,3974	9,7400	6,8287	1,0823	2902,8	670554	924
925	855625	791453125	30,4138	9,7435	6,8298	1,0811	2906,0	672006	925
926	857476	794022776	30,4302	9,7470	6,8309	1,0799	2909,1	673460	926
927	859329	796597983	30,4467	9,7505	6,8320	1,0788	2912,3	674915	927
928	861184	799178752	30,4631	9,7540	6,8330	1,0776	2915,4	676372	928
929	863041	801765089	30,4795	9,7575	6,8341	1,0764	2918,5	677831	929
930	864900	804357000	30,4959	9,7610	6,8352	1,0753	2921,7	679291	930
931	866761	806954491	30,5123	9,7645	6,8363	1,0741	2924.8	680752	931
932	868624	809557568	30,5287	9,7680	6,8373	1,0730	2928,0	682216	932
933	870489	812166237	30,5450	9,7715	6,8384	1,0718	2931,1	683680	933
934	872356	814780504	30,5614	9,7750	6,8395	1,0707	2934,2	685147	934
935	874225	817400375	30,5778	9,7785	6,8405	1,0695	2937,4	686615	935
936	876096	820025856	30,5941	9,7819	6,8416	1,0684	2940,5	688084	936 ·
937	877969	822656953	30,6105	9,7854	6,8427	1,0672	2943,7	689555	937
938	879844	825293672	30,6268	9,7889	6,8437	1,0661	2946,8	691028	938
939	881721	827936019	30,6431	9,7924	6,8448	1,0650	2950,0	692502	939
940	883600	830584000	30,6594	9,7959	6,8459	1,0638	2953,1	693978	940
941	885481	833237621	30,6757	9,7993	6,8469	1,0627	2956,2	695455	941
942	887364	835896888	30,6920	9,8028	6,8480	1,0616	2959,4	696934	942
943	889249	838561807	3C,7083	9,8063	6,8491	1,0605	2962,5	698415	943
944	891136	841232384.	30,7246	9,8097	6,8501	1,0593	2965,7	699897	944
945	893025	843908625	3C,7409	9,8132	6,8512	1,0582	2968,8	701380	945
946	894916	846590536	30,7571	9,8167	6,8522	1,0571	2971,9	702865	946
947	896809	849278123	30,7734	9,8201	6,8533	1,0560	2975,1	704352	947
948	898704	851971392	30,7896	9,8236	6,8544	1,0549	2978,2	705840	948
949	900601	854670349	30,8058	9,8270	6,8554	1,0537	2981,4	707330	949
950	902500	857375000	30,8221	9,8305	6,8565	1,0526	2984,5	708822	950

n	n^2	n^3	$\sqrt{n}$	$\sqrt[3]{n}$	$\ln n$	$\dfrac{1000}{n}$	$\pi\,n$	$\dfrac{\pi\,n^2}{4}$	n
950	902500	857375000	30,8221	9,8305	6,8565	1,0526	2984,5	708822	950
951	904401	860085351	30,8383	9,8339	6,8575	1,0515	2987,7	710315	951
952	906304	862801408	30,8545	9,8374	6,8586	1,0504	2990,8	711809	952
953	908209	865523177	30,8707	9,8408	6,8596	1,0493	2993,9	713306	953
954	910116	868250664	30,8869	9,8443	6,8607	1,0482	2997,1	714803	954
955	912025	870983875	30,9031	9,8477	6,8617	1,0471	3000,2	716303	955
956	913936	873722816	30,9192	9,8511	6,8628	1,0460	3003,4	717804	956
957	915849	876467493	30,9354	9,8546	6,8638	1,0449	3006,5	719306	957
958	917764	879217912	30,9516	9,8580	6,8648	1,0438	3009,6	720810	958
959	919681	881974079	30,9677	9,8614	6,8659	1,0428	3012,8	722316	959
960	921600	884736000	30,9839	9,8648	6,8669	1,0417	3015,9	723823	960
961	923521	887503681	31,0000	9,8683	6,8680	1,0406	3019,1	725332	961
962	925444	890277128	31,0161	9,8717	6,8690	1,0395	3022,2	726842	962
963	927369	893056347	31,0322	9,8751	6,8701	1,0384	3025,4	728354	963
964	929296	895841344	31,0483	9,8785	6,8711	1,0373	3028,5	729867	964
965	931225	898632125	31,0644	9,8819	6,8721	1,0363	3031,6	731382	965
966	933156	901428696	31,0805	9,8854	6,8732	1,0352	3034,8	732899	966
967	935089	904231063	31,0966	9,8888	6,8742	1,0341	3037,9	734417	967
968	937024	907039232	31,1127	9,8922	6,8752	1,0331	3041,1	735937	968
969	938961	909853209	31,1288	9,8956	6,8763	1,0320	3044,2	737458	969
970	940900	912673000	31,1448	9,8990	6,8773	1,0309	3047,3	738981	970
971	942841	915498611	31,1609	9,9024	6,8783	1,0299	3050,5	740506	971
972	944784	918330048	31,1769	9,9058	6,8794	1,0288	3053,6	742032	972
973	946729	921167317	31,1929	9,9092	6,8804	1,0278	3056,8	743559	973
974	948676	924010424	31,2090	9,9126	6,8814	1,0267	3059,9	745088	974
975	950625	926859375	31,2250	9,9160	6,8824	1,0256	3063,1	746619	975
976	952576	929714176	31,2410	9,9194	6,8835	1,0246	3066,2	748151	976
977	954529	932574833	31,2570	9,9227	6,8845	1,0235	3069,3	749685	977
978	956484	935441352	31,2730	9,9261	6,8855	1,0225	3072,5	751221	978
979	958441	938313739	31,2890	9,9295	6,8865	1,0215	3075,6	752758	979
980	960400	941192000	31,3050	9,9329	6,8876	1,0204	3078,8	754296	980
981	962361	944076141	31,3209	9,9363	6,8886	1,0194	3081,9	755837	981
982	964324	946966168	31,3369	9,9396	6,8896	1,0183	3085,0	757378	982
983	966289	949862087	31,3528	9,9430	6,8906	1,0173	3088,2	758922	983
984	968256	952763904	31,3688	9,9464	6,8916	1,0163	3091,3	760466	984
985	970225	955671625	31,3847	9,9497	6,8926	1,0152	3094,5	762013	985
986	972196	958585256	31,4006	9,9531	6,8937	1,0142	3097,6	763561	986
987	974169	961504803	31,4166	9,9565	6,8947	1,0132	3100,8	765111	987
988	976144	964430272	31,4325	9,9598	6,8957	1,0122	3103,9	766662	988
989	978121	967361669	31,4484	9,9632	6,8967	1,0111	3107,0	768214	989
990	980100	970299000	31,4643	9,9666	6.8977	1,0101	3110,2	769769	990
991	982081	973242271	31,4802	9,9699	6,8987	1,0091	3113,3	771325	991
992	984064	976191488	31,4960	9,9733	6,8997	1,0081	3116,5	772882	992
993	986049	979146657	31,5119	9,9766	6,9007	1,0071	3119,6	774441	993
994	988036	982107784	31,5278	9,9800	6,9017	1,0060	3122,7	776002	994
995	990025	985074875	31,5436	9,9833	6,9027	1,0050	3125,9	777564	995
996	992016	988047936	31,5595	9,9866	6,9037	1,0040	3129,0	779128	996
997	994009	991026973	31,5753	9,9900	6,9047	1,0030	3132,2	780693	997
998	996004	994011992	31,5911	9,9933	6,9057	1,0020	3135,3	782260	998
999	998001	997002999	31,6070	9,9967	6,9068	1,0010	3138,5	783828	999

2. 4stellige Mantissen der Briggsschen Logarithmen von 100÷549.

Zahl	0	1	2	3	4.	5	6	7	8	9	D
10	0000	0043	0086	0128	0170	0212	0253	0294	0334	0374	40
11	0414	0453	0492	0531	0569	0607	0645	0682	0719	0755	37
12	0792	0828	0864	0899	0934	0969	1004	1038	1072	1106	33
13	1139	1173	1206	1239	1271	1303	1335	1367	1399	1430	31
14	1461	1492	1523	1553	1584	1614	1644	1673	1703	1732	29
15	1761	1790	1818	1847	1875	1903	1931	1959	1987	2014	27
16	2041	2068	2095	2122	2148	2175	2201	2227	2253	2279	25
17	2304	2330	2355	2380	2405	2430	2455	2480	2504	2529	24
18	2553	2577	2601	2625	2648	2672	2695	2718	2742	2765	23
19	2788	2810	2833	2856	2878	2900	2923	2945	2967	2989	21
20	3010	3032	3054	3075	3096	3118	3139	3160	3181	3201	21
21	3222	3243	3263	3284	3304	3324	3345	3365	3385	3404	20
22	3424	3444	3464	3483	3502	3522	3541	3560	3579	3598	19
23	3617	3636	3655	3674	3692	3711	3729	3747	3766	3784	18
24	3802	3820	3838	3856	3874	3892	3909	3927	3945	3962	17
25	3979	3997	4014	4031	4048	4065	4082	4099	4116	4133	17
26	4150	4166	4183	4200	4216	4232	4249	4265	4281	4298	16
27	4314	4330	4346	4362	4378	4393	4409	4425	4440	4456	16
28	4472	4487	4502	4518	4533	4548	4564	4579	4594	4609	15
29	4624	4639	4654	4669	4683	4698	4713	4728	4742	4757	14
30	4771	4786	4800	4814	4829	4843	4857	4871	4886	4900	14
31	4914	4928	4942	4955	4969	4983	4997	5011	5024	5038	13
32	5051	5065	5079	5092	5105	5119	5132	5145	5159	5172	13
33	5185	5198	5211	5224	5237	5250	5263	5276	5289	5302	13
34	5315	5328	5340	5353	5366	5378	5391	5403	5416	5428	13
35	5441	5453	5465	5478	5490	5502	5514	5527	5539	5551	12
36	5563	5575	5587	5599	5611	5623	5635	5647	5658	5670	12
37	5682	5694	5705	5717	5729	5740	5752	5763	5775	5786	12
38	5798	5809	5821	5832	5843	5855	5866	5877	5888	5899	12
39	5911	5922	5933	5944	5955	5966	5977	5988	5999	6010	11
40	6021	6031	6042	6053	6064	6075	6085	6096	6107	6117	11
41	6128	6138	6149	6160	6170	6180	6191	6201	6212	6222	10
42	6232	6243	6253	6263	6274	6284	6294	6304	6314	6325	10
43	6335	6345	6355	6365	6375	6385	6395	6405	6415	6425	10
44	6435	6444	6454	6464	6474	6484	6493	6503	6513	6522	10
45	6532	6542	6551	6561	6571	6580	6590	6599	6609	6618	10
46	6628	6637	6646	6656	6665	6675	6684	6693	6702	6712	9
47	6721	6730	6739	6749	6758	6767	6776	6785	6794	6803	9
48	6812	6821	6830	6839	6848	6857	6866	6875	6884	6893	9
49	6902	6911	6920	6928	6937	6946	6955	6964	6972	6981	9
50	6990	6998	7007	7016	7024	7033	7042	7050	7059	7067	9
51	7076	7084	7093	7101	7110	7118	7126	7135	7143	7152	8
52	7160	7168	7177	7185	7193	7202	7210	7218	7226	7235	8
53	7243	7251	7259	7267	7275	7284	7292	7300	7308	7316	8
54	7324	7332	7340	7348	7356	7364	7372	7380	7388	7396	8

Spalte D enthält den Unterschied des letzten lg mit dem ersten der folgenden Zeile.

Zahl	0	1	2	3	4	5	6	7	8	9	D
55	7404	7412	7419	7427	7435	7443	7451	7459	7466	7474	8
56	7482	7490	7497	7505	7513	7520	7528	7536	7543	7551	8
57	7559	7566	7574	7582	7589	7597	7604	7612	7619	7627	7
58	7634	7642	7649	7657	7664	7672	7679	7686	7694	7701	8
59	7709	7716	7723	7731	7738	7745	7752	7760	7767	7774	8
60	7782	7789	7796	7803	7810	7818	7825	7832	7839	7846	7
61	7853	7860	7868	7875	7882	7889	7896	7903	7910	7917	7
62	7924	7931	7938	7945	7952	7959	7966	7973	7980	7987	6
63	7993	8000	8007	8014	8021	8028	8035	8041	8048	8055	7
64	8062	8069	8075	8082	8089	8096	8102	8109	8116	8122	7
65	8129	8136	8142	8149	8156	8162	8169	8176	8182	8189	6
66	8195	8202	8209	8215	8222	8228	8235	8241	8248	8254	7
67	8261	8267	8274	8280	8287	8293	8299	8306	8312	8319	6
68	8325	8331	8338	8344	8351	8357	8363	8370	8376	8382	6
69	8388	8395	8401	8407	8414	8420	8426	8432	8439	8445	6
70	8451	8457	8463	8470	8476	8482	8488	8494	8500	8506	7
71	8513	8519	8525	8531	8537	8543	8549	8555	8561	8567	6
72	8573	8579	8585	8591	8597	8603	8609	8615	8621	8627	6
73	8633	8639	8645	8651	8657	8663	8669	8675	8681	8686	6
74	8692	8698	8704	8710	8716	8722	8727	8733	8739	8745	6
75	8751	8756	8762	8768	8774	8779	8785	8791	8797	8802	6
76	8808	8814	8820	8825	8831	8837	8842	8848	8854	8859	6
77	8865	8871	8876	8882	8887	8893	8899	8904	8910	8915	6
78	8921	8927	8932	8938	8943	8949	8954	8960	8965	8971	5
79	8976	8982	8987	8993	8998	9004	9009	9015	9020	9025	6
80	9031	9036	9042	9047	9053	9058	9063	9069	9074	9079	6
81	9085	9090	9096	9101	9106	9112	9117	9122	9128	9133	5
82	9138	9143	9149	9154	9159	9165	9170	9175	9180	9186	5
83	9191	9196	9201	9206	9212	9217	9222	9227	9232	9238	5
84	9243	9248	9253	9258	9263	9269	9274	9279	9284	9289	5
85	9294	9299	9304	9309	9315	9320	9325	9330	9335	9340	5
86	9345	9350	9355	9360	9365	9370	9375	9380	9385	9390	5
87	9395	9400	9405	9410	9415	9420	9425	9430	9435	9440	5
88	9445	9450	9455	9460	9465	9469	9474	9479	9484	9489	5
89	9494	9499	9504	9509	9513	9518	9523	9528	9533	9538	4
90	9542	9547	9552	9557	9562	9566	9571	9576	9581	9586	4
91	9590	9595	9600	9605	9609	9614	9619	9624	9628	9633	5
92	9638	9643	9647	9652	9657	9661	9666	9671	9675	9680	5
93	9685	9689	9694	9699	9703	9708	9713	9717	9722	9727	4
94	9731	9736	9741	9745	9750	9754	9759	9763	9768	9773	4
95	9777	9782	9786	9791	9795	9800	9805	9809	9814	9818	5
96	9823	9827	9832	9836	9841	9845	9850	9854	9859	9863	5
97	9868	9872	9877	9881	9886	9890	9894	9899	9903	9908	4
98	9912	9917	9921	9926	9930	9934	9939	9943	9948	9952	4
99	9956	9961	9965	9969	9974	9978	9983	9987	9991	9996	4

Spalte D enthält den Unterschied des letzten lg mit dem ersten der folgenden Zeile.

3. Kreisfunktionen.

→ Sinus 0^0 → 45^0

Min.	0	6	12	18	24	30	36	42	48	54	60	
Grad	,0	,1	,2	,3	,4	,5	,6	,7	,8	,9	1,0	
0	0,0000	0017	0035	0052	0070	0087	0105	0122	0140	0157	0175	89
1	0175	0192	0209	0227	0244	0262	0279	0297	0314	0332	0349	88
2	0349	0366	0384	0401	0419	0436	0454	0471	0488	0506	0523	87
3	0523	0541	0558	0576	0593	0610	0628	0645	0663	0680	0698	86
4	0698	0715	0732	0750	0767	0785	0802	0819	0837	0854	0872	85
5	0,0872	0889	0906	0924	0941	0958	0976	0993	1011	1028	1045	84
6	1045	1063	1080	1097	1115	1132	1149	1167	1184	1201	1219	83
7	1219	1236	1253	1271	1288	1305	1323	1340	1357	1374	1392	82
8	1392	1409	1426	1444	1461	1478	1495	1513	1530	1547	1564	81
9	1564	1582	1599	1616	1633	1650	1668	1685	1702	1719	1736	80
10	0,1736	1754	1771	1788	1805	1822	1840	1857	1874	1891	1908	79
11	1908	1925	1942	1959	1977	1994	2011	2028	2045	2062	2079	78
12	2079	2096	2113	2130	2147	2164	2181	2198	2215	2233	2250	77
13	2250	2267	2284	2300	2317	2334	2351	2368	2385	2402	2419	76
14	2419	2436	2453	2470	2487	2504	2521	2538	2554	2571	2588	75
15	0,2588	2605	2622	2639	2656	2672	2689	2706	2723	2740	2756	74
16	2756	2773	2790	2807	2823	2840	2857	2874	2890	2907	2924	73
17	2924	2940	2957	2974	2990	3007	3024	3040	3057	3074	3090	72
18	3090	3107	3123	3140	3156	3173	3190	3206	3223	3239	3256	71
19	3256	3272	3289	3305	3322	3338	3355	3371	3387	3404	3420	70
20	0,3420	3437	3453	3469	3486	3502	3518	3535	3551	3567	3584	69
21	3584	3600	3616	3633	3649	3665	3681	3697	3714	3730	3746	68
22	3746	3762	3778	3795	3811	3827	3843	3859	3875	3891	3907	67
23	3907	3923	3939	3955	3971	3987	4003	4019	4035	4051	4067	66
24	4067	4083	4099	4115	4131	4147	4163	4179	4195	4210	4226	65
25	0,4226	4242	4258	4274	4289	4305	4321	4337	4352	4368	4384	64
26	4384	4399	4415	4431	4446	4462	4478	4493	4509	4524	4540	63
27	4540	4555	4571	4586	4602	4617	4633	4648	4664	4679	4695	62
28	4695	4710	4726	4741	4756	4772	4787	4802	4818	4833	4848	61
29	4848	4863	4879	4894	4909	4924	4939	4955	4970	4985	5000	60
30	0,5000	5015	5030	5045	5060	5075	5090	5105	5120	5135	5150	59
31	5150	5165	5180	5195	5210	5225	5240	5255	5270	5284	5299	58
32	5299	5314	5329	5344	5358	5373	5388	5402	5417	5432	5446	57
33	5446	5461	5476	5490	5505	5519	5534	5548	5563	5577	5592	56
34	5592	5606	5621	5635	5650	5664	5678	5693	5707	5721	5736	55
35	0,5736	5750	5764	5779	5793	5807	5821	5835	5850	5864	5878	54
36	5878	5892	5906	5920	5934	5948	5962	5976	5990	6004	6018	53
37	6018	6032	6046	6060	6074	6088	6101	6115	6129	6143	6157	52
38	6157	6170	6184	6198	6211	6225	6239	6252	6266	6280	6293	51
39	6293	6307	6320	6334	6347	6361	6374	6388	6401	6414	6428	50
40	0,6428	6441	6455	6468	6481	6494	6508	6521	6534	6547	6561	49
41	6561	6574	6587	6600	6613	6626	6639	6652	6665	6678	6691	48
42	6691	6704	6717	6730	6743	6756	6769	6782	6794	6807	6820	47
43	6820	6833	6845	6858	6871	6884	6896	6909	6921	6934	6947	46
44	0,6947	6959	6972	6984	6997	7009	7022	7034	7046	7059	7071	45
	1,0	,9	,8	,7	,6	,5	,4	,3	,2	,1	,0	Grad
	60	54	48	42	36	30	24	18	12	6	0	Min.

Cosinus 45^0 → 90^0 ←

→ Sinus 45° → 90°

Min.	0	6	12	18	24	30	36	42	48	54	60	
Grad	,0	,1	,2	,3	,4	,5	,6	,7	,8	,9	1,0	
45	0,7071	7083	7096	7108	7120	7133	7145	7157	7169	7181	7193	44
46	7193	7206	7218	7230	7242	7254	7266	7278	7290	7302	7314	43
47	7314	7325	7337	7349	7361	7373	7385	7396	7408	7420	7431	42
48	7431	7443	7455	7466	7478	7490	7501	7513	7524	7536	7547	41
49	7547	7559	7570	7581	7593	7604	7615	7627	7638	7649	7660	40
50	0,7660	7672	7683	7694	7705	7716	7727	7738	7749	7760	7771	39
51	7771	7782	7793	7804	7815	7826	7837	7848	7859	7869	7880	38
52	7880	7891	7902	7912	7923	7934	7944	7955	7965	7976	7986	37
53	7986	7997	8007	8018	8028	8039	8049	8059	8070	8080	8090	36
54	8090	8100	8111	8121	8131	8141	8151	8161	8171	8181	8192	35
55	0,8192	8202	8211	8221	8231	8241	8251	8261	8271	8281	8290	34
56	8290	8300	8310	8320	8329	8339	8348	8358	8368	8377	8387	33
57	8387	8396	8406	8415	8425	8434	8443	8453	8462	8471	8480	32
58	8480	8490	8499	8508	8517	8526	8536	8545	8554	8563	8572	31
59	8572	8581	8590	8599	8607	8616	8625	8634	8643	8652	8660	30
60	0,8660	8669	8678	8686	8695	8704	8712	8721	8729	8738	8746	29
61	8746	8755	8763	8771	8780	8788	8796	8805	8813	8821	8829	28
62	8829	8838	8846	8854	8862	8870	8878	8886	8894	8902	8910	27
63	8910	8918	8926	8934	8942	8949	8957	8965	8973	8980	8988	26
64	8988	8996	9003	9011	9018	9026	9033	9041	9048	9056	9063	25
65	0,9063	9070	9078	9085	9092	9100	9107	9114	9121	9128	9135	24
66	9135	9143	9150	9157	9164	9171	9178	9184	9191	9198	9205	23
67	9205	9212	9219	9225	9232	9239	9245	9252	9259	9265	9272	22
68	9272	9278	9285	9291	9298	9304	9311	9317	9323	9330	9336	21
69	9336	9342	9348	9354	9361	9367	9373	9379	9385	9391	9397	20
70	0,9397	9403	9409	9415	9421	9426	9432	9438	9444	9449	9455	19
71	9455	9461	9466	9472	9478	9483	9489	9494	9500	9505	9511	18
72	9511	9516	9521	9527	9532	9537	9542	9548	9553	9558	9563	17
73	9563	9568	9573	9578	9583	9588	9593	9598	9603	9608	9613	16
74	9613	9617	9622	9627	9632	9636	9641	9646	9650	9655	9659	15
75	0,9659	9664	9668	9673	9677	9681	9686	9690	9694	9699	9703	14
76	9703	9707	9711	9715	9720	9724	9728	9732	9736	9740	9744	13
77	9744	9748	9751	9755	9759	9763	9767	9770	9774	9778	9781	12
78	9781	9785	9789	9792	9796	9799	9803	9806	9810	9813	9816	11
79	9816	9820	9823	9826	9829	9833	9836	9839	9842	9845	9848	10
80	0,9848	9851	9854	9857	9860	9863	9866	9869	9871	9874	9877	9
81	9877	9880	9882	9885	9888	9890	9893	9895	9898	9900	9903	8
82	9903	9905	9907	9910	9912	9914	9917	9919	9921	9923	9925	7
83	9925	9928	9930	9932	9934	9936	9938	9940	9942	9943	9945	6
84	9945	9947	9949	9951	9952	9954	9956	9957	9959	9960	9962	5
85	0,9962	9963	9965	9966	9968	9969	9971	9972	9973	9974	9976	4
86	9976	9977	9978	9979	9980	9981	9982	9983	9984	9985	9986	3
87	9986	9987	9988	9989	9990	9990	9991	9992	9993	9993	9994	2
88	9994	9995	9995	9996	9996	9997	9997	9997	9998	9998	9998	1
89	0,9998	9999	9999	9999	9999	1,0000	1,0000	1,0000	1,0000	1,0000	1,0000	0
	1,0	,9	,8	,7	,6	,5	,4	,3	,2	,1	,0	Grad
	60	54	48	42	36	30	24	18	12	6	0	Min.

Cosinus 0° → 45° ←

Tangens 0⁰ —➤ 45⁰

Min.	0	6	12	18	24	30	36	42	48	54	60	
Grad	,0	,1	,2	,3	,4	,5	,6	,7	,8	,9	1,0	
0	0,0000	0017	0035	0052	0070	0087	0105	0122	0140	0157	0175	89
1	0175	0192	0209	0227	0244	0262	0279	0297	0314	0332	0349	88
2	0349	0367	0384	0402	0419	0437	0454	0472	0489	0507	0524	87
3	0524	0542	0559	0577	0594	0612	0629	0647	0664	0682	0699	86
4	0699	0717	0734	0752	0769	0787	0805	0822	0840	0857	0875	85
5	0,0875	0892	0910	0928	0945	0963	0981	0998	1016	1033	1051	84
6	1051	1069	1086	1104	1122	1139	1157	1175	1192	1210	1228	83
7	1228	1246	1263	1281	1299	1317	1334	1352	1370	1388	1405	82
8	1405	1423	1441	1459	1477	1495	1512	1530	1548	1566	1584	81
9	1584	1602	1620	1638	1655	1673	1691	1709	1727	1745	1763	80
10	0,1763	1781	1799	1817	1835	1853	1871	1890	1908	1926	1944	79
11	1944	1962	1980	1998	2016	2035	2053	2071	2089	2107	2126	78
12	2126	2144	2162	2180	2199	2217	2235	2254	2272	2290	2309	77
13	2309	2327	2345	2364	2382	2401	2419	2438	2456	2475	2493	76
14	2493	2512	2530	2549	2568	2586	2605	2623	2642	2661	2679	75
15	0,2679	2698	2717	2736	2754	2773	2792	2811	2830	2849	2867	74
16	2867	2886	2905	2924	2943	2962	2981	3000	3019	3038	3057	73
17	3057	3076	3096	3115	3134	3153	3172	3191	3211	3230	3249	72
18	3249	3269	3288	3307	3327	3346	3365	3385	3404	3424	3443	71
19	3443	3463	3482	3502	3522	3541	3561	3581	3600	3620	3640	70
20	0,3640	3659	3679	3699	3719	3739	3759	3779	3790	3819	3839	69
21	3839	3859	3879	3899	3919	3939	3959	3979	4000	4020	4040	68
22	4040	4061	4081	4101	4122	4142	4163	4183	4204	4224	4245	67
23	4245	4265	4286	4307	4327	4348	4369	4390	4411	4431	4452	66
24	4452	4473	4494	4515	4536	4557	4578	4599	4621	4642	4663	65
25	0,4663	4684	4706	4727	4748	4770	4791	4813	4834	4856	4877	64
26	4877	4899	4921	4942	4964	4986	5008	5029	5051	5073	5095	63
27	5095	5117	5139	5161	5184	5206	5228	5250	5272	5295	5317	62
28	5317	5340	5362	5384	5407	5430	5452	5475	5498	5520	5543	61
29	5543	5566	5589	5612	5635	5658	5681	5704	5727	5750	5774	60
30	0,5774	5797	5820	5844	5867	5890	5914	5938	5961	5985	6009	59
31	6009	6032	6056	6080	6104	6128	6152	6176	6200	6224	6249	58
32	6249	6273	6297	6322	6346	6371	6395	6420	6445	6469	6494	57
33	6494	6519	6544	6569	6594	6619	6644	6669	6694	6720	6745	56
34	6745	6771	6795	6822	6847	6873	6899	6924	6950	6976	7002	55
35	0,7002	7028	7054	7080	7107	7133	7159	7186	7212	7239	7265	54
36	7265	7292	7319	7346	7373	7400	7427	7454	7481	7508	7536	53
37	7536	7563	7590	7618	7646	7673	7701	7729	7757	7785	7813	52
38	7813	7841	7869	7898	7926	7954	7983	8012	8040	8069	8098	51
39	8098	8127	8156	8185	8214	8243	8273	8302	8332	8361	8391	50
40	0,8391	8421	8451	8481	8511	8541	8571	8601	8632	8662	8693	49
41	8693	8724	8754	8785	8816	8847	8878	8910	8941	8972	9004	48
42	9004	9036	9067	9099	9131	9163	9195	9228	9260	9293	9325	47
43	9325	9358	9391	9424	9457	9490	9523	9556	9590	9623	9657	46
44	0,9657	9691	9725	9759	9793	9827	9861	9896	9930	9965	1,0000	45
	1,0	,9	,8	,7	,6	,5	,4	,3	,2	,1	,0	Grad
	60	54	48	42	36	30	24	18	12	6	0	Min.

Cotangens 45⁰ —➤ 90⁰ ◄

→ Tangens 45⁰ → 90⁰

Min.	0	6	12	18	24	30	36	42	48	54	60	
Grad	,0	,1	,2	,3	,4	,5	,6	,7	,8	,9	1,0	
45	1,000	1,003	1,007	1,011	1,014	1,018	1,021	1,025	1,028	1,032	1,036	44
46	1,036	1,039	1,043	1,046	1,050	1,054	1,057	1,061	1,065	1,069	1,072	43
47	1,072	1,076	1,080	1,084	1,087	1,091	1,095	1,099	1,103	1,107	1,111	42
48	1,111	1,115	1,118	1,122	1,126	1,130	1,134	1,138	1,142	1,146	1,150	41
49	1,150	1,154	1,159	1,163	1,167	1,171	1,175	1,179	1,183	1,188	1,192	40
50	1,192	1,196	1,200	1,205	1,209	1,213	1,217	1,222	1,226	1,230	1,235	39
51	1,235	1,239	1,244	1,248	1,253	1,257	1,262	1,266	1,271	1,275	1,280	38
52	1,280	1,285	1,289	1,294	1,299	1,303	1,308	1,313	1,317	1,322	1,327	37
53	1,327	1,332	1,337	1,342	1,347	1,351	1,356	1,361	1,366	1,371	1,376	36
54	1,376	1,381	1,387	1,392	1,397	1,402	1,407	1,412	1,417	1,423	1,428	35
55	1,428	1,433	1,439	1,444	1,450	1,455	1,460	1,466	1,471	1,477	1,483	34
56	1,483	1,488	1,494	1,499	1,505	1,511	1,517	1,522	1,528	1,534	1,540	33
57	1,540	1,546	1,552	1,558	1,564	1,570	1,576	1,582	1,588	1,594	1,600	32
58	1,600	1,607	1,613	1,619	1,625	1,632	1,638	1,645	1,651	1,658	1,664	31
59	1,664	1,671	1,678	1,684	1,691	1,698	1,704	1,711	1,718	1,725	1,732	30
60	1,732	1,739	1,746	1,753	1,760	1,767	1,775	1,782	1,789	1,797	1,804	29
61	1,804	1,811	1,819	1,827	1,834	1,842	1,849	1,857	1,865	1,873	1,881	28
62	1,881	1,889	1,897	1,905	1,913	1,921	1,929	1,937	1,946	1,954	1,963	27
63	1,963	1,971	1,980	1,988	1,997	2,006	2,014	2,023	2,032	2,041	2,050	26
64	2,050	2,059	2,069	2,078	2,087	2,097	2,106	2,116	2,125	2,135	2,145	25
65	2,145	2,154	2,164	2,174	2,184	2,194	2,204	2,215	2,225	2,236	2,246	24
66	2,246	2,257	2,267	2,278	2,289	2,300	2,311	2,322	2,333	2,344	2,356	23
67	2,356	2,367	2,379	2,391	2,402	2,414	2,426	2,438	2,450	2,463	2,475	22
68	2,475	2,488	2,500	2,513	2,526	2,539	2,552	2,565	2,578	2,592	2,605	21
69	2,605	2,619	2,633	2,646	2,660	2,675	2,689	2,703	2,718	2,733	2,747	20
70	2,747	2,762	2,778	2,793	2,808	2,824	2,840	2,856	2,872	2,888	2,904	19
71	2,904	2,921	2,937	2,954	2,971	2,989	3,006	3,024	3,042	3,060	3,078	18
72	3,078	3,096	3,115	3,133	3,152	3,172	3,191	3,211	3,230	3,251	3,271	17
73	3,271	3,291	3,312	3,333	3,354	3,376	3,398	3,420	3,442	3,465	3,487	16
74	3,487	3,511	3,534	3,558	3,582	3,606	3,630	3,655	3,681	3,706	3,732	15
75	3,732	3,758	3,785	3,812	3,839	3,867	3,895	3,923	3,952	3,981	4,011	14
76	4,011	4,041	4,071	4,102	4,134	4,165	4,198	4,230	4,264	4,297	4,331	13
77	4,331	4,366	4,402	4,437	4,474	4,511	4,548	4,586	4,625	4,665	4,705	12
78	4,705	4,745	4,787	4,829	4,872	4,915	4,959	5,005	5,050	5,097	5,145	11
79	5,145	5,193	5,242	5,292	5,343	5,396	5,449	5,503	5,558	5,614	5,671	10
80	5,671	5,730	5,789	5,850	5,912	5,976	6,041	6,107	6,174	6,243	6,314	9
81	6,314	6,386	6,460	6,535	6,612	6,691	6,772	6,855	6,940	7,026	7,115	8
82	7,115	7,207	7,300	7,396	7,495	7,596	7,700	7,806	7,916	8,028	8,144	7
83	8,144	8,264	8,386	8,513	8,643	8,777	8,915	9,058	9,205	9,357	9,514	6
84	9,514	9,677	9,845	10,02	10,20	10,39	10,58	10,78	10,99	11,20	11,48	5
85	11,43	11,66	11,91	12,16	12,43	12,71	13,00	13,30	13,62	13,95	14,30	4
86	14,30	14,67	15,06	15,46	15,89	16,35	16,83	17,34	17,89	18,46	19,08	3
87	19,08	19,74	20,45	21,20	22,02	22,90	23,86	24,90	26,03	27,27	28,64	2
88	28,64	30,14	31,82	33,69	35,80	38,19	40,92	44,07	47,74	52,08	57,29	1
89	57,29	63,66	71,62	81,85	95,49	114,6	143,2	191,0	286,5	573,0	—	0
	1,0	,9	,8	,7	,6	,5	,4	,3	,2	,1	,0	Grad
	60	54	48	42	36	30	24	18	12	6	0	Min.

Cotangens 0⁰ → 45⁰ ←

4. Bogenlängen, Bogenhöhen, Sehnenlängen und

Zentri- winkel in Grad	Bogen- länge arc φ	Bogen- höhe	Sehnen- länge	Inhalt des Kreisab- schnittes	Zentri- winkel in Grad	Bogen- länge arc φ	Bogen- höhe	Sehnen- länge	Inhalt des Kreisab- schnittes
1	0,0175	0,0000	0,0175	0,00000	46	0,8029	0,0795	0,7815	0,0418
2	0,0349	0,0002	0,0349	0,00000	47	0,8203	0,0829	0,7975	0,0445
3	0,0524	0,0003	0,0524	0,00001	48	0,8378	0,0805	0,8135	0,0473
					49	0,8552	0,0900	0,8294	0,0503
4	0,0698	0,0006	0,0698	0,00003	50	0,8727	0,0937	0,8452	0,0533
5	0,0873	0,0010	0,0872	0,00006					
6	0,1047	0,0014	0,1047	0,00010	51	0,8901	0,0974	0,8610	0,0565
7	0,1222	0,0019	0,1221	0,00015	52	0,9076	0,1012	0,8767	0,0598
8	0,1396	0,0024	0,1395	0,0002	53	0,9250	0,1051	0,8924	0,0632
9	0,1571	0,0031	0,1569	0,0003					
10	0,1745	0,0038	0,1743	0,0004	54	0,9425	0,1090	0,9080	0,0667
					55	0,9599	0,1130	0,9235	0,0704
11	0,1920	0,0046	0,1917	0,0006	56	0,9774	0,1171	0,9389	0,0742
12	0,2094	0,0055	0,2091	0,0008					
13	0,2269	0,0064	0,2264	0,0010	57	0,9948	0,1212	0,9543	0,0781
14	0,2443	0,0075	0,2437	0,0012	58	1,0123	0,1254	0,9696	0,0821
15	0,2618	0,0086	0,2611	0,0015	59	1,0297	0,1296	0,9848	0,0863
16	0,2793	0,0097	0,2783	0,0018	60	1,0472	0,1340	1,0000	0,0906
17	0,2967	0,0110	0,2956	0,0022					
18	0,3142	0,0123	0,3129	0,0026	61	1,0647	0,1384	1,0151	0,0950
19	0,3316	0,0137	0,3301	0,0030	62	1,0821	0,1428	1,0301	0,0996
20	0,3491	0,0152	0,3473	0,0035	63	1,0996	0,1474	1,0450	0,1043
21	0,3665	0,0167	0,3645	0,0041	64	1,1170	0,1520	1,0598	0,1091
22	0,3840	0,0184	0,3816	0,0047	65	1,1345	0,1566	1,0746	0,1141
23	0,4014	0,0201	0,3987	0,0054	66	1,1519	0,1613	1,0893	0,1192
24	0,4189	0,0219	0,4158	0,0061	67	1,1694	0,1661	1,1039	0,1244
25	0,4363	0,0237	0,4329	0,0069	68	1,1868	0,1710	1,1184	0,1298
26	0,4538	0,0256	0,4499	0,0077	69	1,2043	0,1759	1,1328	0,1354
27	0,4712	0,0276	0,4669	0,0086	70	1,2217	0,1808	1,1472	0,1410
28	0,4887	0,0297	0,4888	0,0096					
29	0,5061	0,0319	0,5008	0,0107	71	1,2392	0,1859	1,1614	0,1468
30	0,5236	0,0341	0,5176	0,0118	72	1,2566	0,1910	1,1756	0,1528
					73	1,2741	0,1961	1,1896	0,1589
31	0,5411	0,0364	0,5345	0,0130	74	1,2915	0,2014	1,2036	0,1651
32	0,5585	0,0387	0,5512	0,0143	75	1,3090	0,2066	1,2175	0,1715
33	0,5760	0,0412	0,5680	0,0157	76	1,3265	0,2120	1,2313	0,1781
34	0,5934	0,0437	0,5847	0,0171	77	1,3439	0,2174	1,2450	0,1848
35	0,6109	0,0463	0,6014	0,0186	78	1,3614	0,2229	1,2586	0,1916
36	0,6283	0,0489	0,6180	0,0203	79	1,3788	0,2284	1,2722	0,1986
37	0,6458	0,0517	0,6346	0,0220	80	1,3963	0,2340	1,2856	0,2057
38	0,6632	0,0545	0,6511	0,0238					
39	0,6807	0,0574	0,6676	0,0257	81	1,4137	0,2396	1,2989	0,2130
40	0,6981	0,0603	0,6840	0,0277	82	1,4312	0,2453	1,3121	0,2205
					83	1,4486	0,2510	1,3252	0,2280
41	0,7156	0,0633	0,7004	0,0298	84	1,4661	0,2569	1,3383	0,2358
42	0,7330	0,0664	0,7167	0,0320	85	1,4835	0,2627	1,3512	0,2437
43	0,7505	0,0696	0,7330	0,0343	86	1,5010	0,2686	1,3640	0,2517
44	0,7679	0,0728	0,7492	0,0366	87	1,5184	0,2746	1,3767	0,2599
45	0,7854	0,0761	0,7654	0,0392	88	1,5359	0,2807	1,3893	0,2683
					89	1,5533	0,2867	1,4018	0,2768
					90	1,5708	0,2929	1,4142	0,2854

Ist r der Kreishalbmesser und φ der Zentriwinkel in Grad, so ergibt sich:

1) die Sehnenlänge: $s = 2\,r\,\sin\dfrac{\varphi}{2}$;

2) die Bogenhöhe: $h = r\left(1 - \cos\dfrac{\varphi}{2}\right) = \dfrac{s}{2}\,\mathrm{tg}\,\dfrac{\varphi}{4} = 2\,r\,\sin^2\dfrac{\varphi}{4}$;

Inhalte des Kreisabschnittes für den Halbmesser $r = 1$.

Zentriwinkel in Grad	Bogenlänge arc φ	Bogenhöhe	Sehnenlänge	Inhalt des Kreisabschnittes	Zentriwinkel in Grad	Bogenlänge arc φ	Bogenhöhe	Sehnenlänge	Inhalt des Kreisabschnittes
91	1,5882	0,2991	1,4265	0,2942	136	2,3736	0,6254	1,8544	0,8395
92	1,6057	0,3053	1,4387	0,3032	137	2,3911	0,6335	1,8608	0,8546
93	1,6232	0,3116	1,4507	0,3123	138	2,4086	0,6416	1,8672	0,8697
94	1,6406	0,3180	1,4627	0,3215	139	2,4260	0,6498	1,8733	0,8850
95	1,6580	0,3244	1,4746	0,3309	140	2,4435	0,6580	1,8794	0,9003
96	1,6755	0,3309	1,4863	0,3405	141	2,4609	0,6662	1,8853	0,9158
97	1,6930	0,3374	1,4979	0,3502	142	2,4784	0,6744	1,8910	0,9314
98	1,7104	0,3439	1,5094	0,3601	143	2,4958	0,6827	1,8966	0,9470
99	1,7279	0,3506	1,5208	0,3701	144	2,5133	0,6910	1,9021	0,9627
100	1,7453	0,3572	1,5321	0,3803	145	2,5307	0,6993	1,9074	0,9786
101	1,7628	0,3639	1,5432	0,3906	146	2,5482	0,7076	1,9126	0,9945
102	1,7802	0,3707	1,5543	0,4010	147	2,5656	0,7160	1,9176	1,0105
103	1,7977	0,3775	1,5652	0,4117	148	2,5831	0,7244	1,9225	1,0266
104	1,8151	0,3843	1,5760	0,4224	149	2,6005	0,7328	1,9273	1,0428
105	1,8326	0,3912	1,5867	0,4333	150	2,6180	0,7412	1,9319	1,0590
106	1,8500	0,3982	1,5973	0,4444	151	2,6354	0,7496	1,9363	1,0753
107	1,8675	0,4052	1,6077	0,4556	152	2,6529	0,7581	1,9406	1,0917
108	1,8850	0,4122	1,6180	0,4670	153	2,6704	0,7666	1,9447	1,1082
109	1,9024	0,4193	1,6282	0,4784	154	2,6878	0,7750	1,9487	1,1247
110	1,9199	0,4264	1,6383	0,4901	155	2,7053	0,7836	1,9526	1,1413
111	1,9373	0,4336	1,6483	0,5019	156	2,7227	0,7921	1,9563	1,1580
112	1,9548	0,4408	1,6581	0,5138	157	2,7402	0,8006	1,9598	1,1747
113	1,9722	0,4481	1,6678	0,5259	158	2,7576	0,8092	1,9633	1,1915
114	1,9897	0,4554	1,6773	0,5381	159	2,7751	0,8178	1,9665	1,2084
115	2,0071	0,4627	1,6868	0,5504	160	2,7925	0,8264	1,9696	1,2253
116	2,0246	0,4701	1,6961	0,5629	161	2,8100	0,8350	1,9726	1,2422
117	2,0420	0,4775	1,7053	0,5755	162	2,8274	0,8436	1,9754	1,2592
118	2,0595	0,4850	1,7143	0,5883	163	2,8449	0,8522	1,9780	1,2763
119	2,0769	0,4925	1,7233	0,6012	164	2,8623	0,8608	1,9805	1,2934
120	2,0944	0,5000	1,7321	0,6142	165	2,8798	0,8695	1,9829	1,3105
121	2,1118	0,5076	1,7407	0,6273	166	2,8972	0,8781	1,9851	1,3277
122	2,1293	0,5152	1,7492	0,6406	167	2,9147	0,8868	1,9871	1,3449
123	2,1468	0,5228	1,7576	0,6540	168	2,9322	0,8955	1,9890	1,3621
124	2,1642	0,5305	1,7659	0,6676	169	2,9496	0,9042	1,9908	1,3794
125	2,1817	0,5383	1,7740	0,6813	170	2,9671	0,9128	1,9924	1,3967
126	2,1991	0,5460	1,7820	0,6951	171	2,9845	0,9215	1,9938	1,4140
127	2,2166	0,5538	1,7899	0,7090	172	3,0020	0,9302	1,9951	1,4314
128	2,2340	0,5616	1,7976	0,7230	173	3,0194	0,9390	1,9963	1,4488
129	2,2515	0,5695	1,8052	0,7372	174	3,0369	0,9477	1,9973	1,4662
130	2,2689	0,5774	1,8126	0,7514	175	3,0543	0,9564	1,9981	1,4836
131	2,2864	0,5853	1,8199	0,7658	176	3,0718	0,9651	1,9988	1,5010
132	2,3038	0,5933	1,8271	0,7803	177	3,0892	0,9738	1,9993	1,5185
133	2,3213	0,6013	1,8341	0,7950	178	3,1067	0,9825	1,9997	1,5359
134	2,3387	0,6093	1,8410	0,8097	179	3,1241	0,9913	1,9999	1,5533
135	2,3562	0,6173	1,8478	0,8245	180	3,1416	1,0000	2,0000	1,5708

3) die Bogenlänge: $l = \pi r \dfrac{\varphi}{180} = 0,0175\, r\, \varphi = \sqrt{s^2 + \dfrac{16}{3} h^2}$ (angenähert):

4) der Inhalt des Kreisabschnittes $= \dfrac{r^2}{2} \left(\dfrac{\pi}{180} \varphi - \sin \varphi \right)$;

5) „ „ „ Kreisausschnittes $= \dfrac{\varphi}{350} \pi r^2 = 0,0087\, \varphi\, r^2$.

Velten, Mathem.-techn. Zahlentafeln. 10. Aufl.

3

5. Hyperbelfunktionen [1]).

a) $\mathfrak{Sin}\,\varphi$ für $\varphi = 0$ bis $\varphi = 5{,}99$.

φ	0	1	2	3	4	5	6	7	8	9	D
0,0	0,0000	0100	0200	0300	0400	0500	0600	0701	0801	0901	101
0,1	0,1002	1102	1203	1304	1405	1506	1607	1708	1810	1911	102
0,2	0,2013	2115	2218	2320	2423	2526	2629	2733	2837	2941	104
0,3	0,3045	3150	3255	3360	3466	3572	3678	3785	3892	4000	108
0,4	0,4108	4216	4325	4434	4543	4653	4764	4875	4987	5098	113
0,5	0,5211	5324	5438	5552	5666	5782	5897	6014	6131	6248	119
0,6	0,6367	6485	6605	6725	6846	6968	7090	7213	7336	7461	125
0,7	0,7586	7712	7838	7966	8094	8223	8353	8484	8615	8748	133
0,8	0,8881	9015	9150	9286	9423	9561	9700	9840	9981	*0122	143
0,9	1,0265	0409	0554	0700	0847	0995	1144	1294	1446	1598	154
1,0	1,1752	1907	2063	2220	2379	2539	2700	2862	3025	3190	167
1,1	1,3357	3524	3693	3863	4035	4208	4382	4558	4736	4914	181
1,2	1,5095	5276	5460	5645	5831	6019	6209	6400	6593	6788	196
1,3	1,6984	7182	7381	7583	7786	7991	8198	8406	8617	8829	214
1,4	1,9043	9259	9477	9697	9919	*0143	*0369	*0597	*0827	*1059	234
1,5	2,1298	1529	1768	2008	2251	2496	2743	2993	3245	3499	257
1,6	2,3756	4015	4276	4540	4806	5075	5346	5620	5896	6175	281
1,7	2,6456	6741	7027	7317	7609	7904	8202	8503	8806	9113	309
1,8	2,9422	9734	*0049	*0367	*0689	*1013	*1340	*1671	*2005	*2342	340
1,9	3,2682	3025	3372	3722	4075	4432	4792	5156	5523	5894	375
2,0	3,6269	6647	7028	7414	7803	8196	8593	8993	9398	9806	413
2,1	4,0219	0635	1056	1480	1909	2342	2779	3221	3666	4117	454
2,2	4,4571	5030	5494	5962	6434	6912	7394	7880	8372	8868	502
2,3	4,9370	9876	*0387	*0903	*1425	*1951	*2483	*3020	*3562	*4109	553
2,4	5,4662	5221	5785	6354	6929	7510	8097	8689	9288	9892	610
2,5	6,0502	1118	1741	2369	3004	3645	4293	4946	5607	6274	673
2,6	6,6947	7628	8315	9009	9709	*0417	*1132	*1854	*2588	*3319	744
2,7	7,4063	4814	5572	6338	7112	7894	8683	9480	*0285	*1098	821
2,8	8,1919	2749	3586	4432	5287	6150	7021	7902	8791	9689	907
2,9	9,0596	1512	2437	3371	4315	5268	6231	7203	8185	9177	1002
3,0	10,0179	1191	2212	3245	4287	5340	6403	7477	8562	9658	1107
3,1	11,0765	1882	3011	4151	5303	6466	7641	8827	*0026	*1236	1223
3,2	12,2459	3694	4941	6201	7473	8758	*0056	*1367	*2691	*4028	1351
3,3	13,5379	6743	8121	9513	*0919	*2338	*3772	*5221	*6684	*8161	1493
3,4	14,965	15,116	15,269	15,422	15,577	15,734	15,893	16,053	16,214	16,378	165
3,5	16,543	16,709	16,877	17,047	17,219	17,392	17,567	17,744	17,923	18,103	182
3,6	18,285	18,470	18,655	18,843	19,033	19,224	19,418	19,613	19,811	20,010	192
3,7	20,211	20,415	20,620	20,828	21,037	21,249	21,463	21,679	21,897	22,117	222
3,8	22,339	22,564	22,791	23,020	23,252	23,486	23,722	23,961	24,202	24,445	246
3,9	24,691	24,939	25,190	25,444	25,700	25,958	26,219	26,483	26,749	27,018	272
4,0	27,290	27,564	27,842	28,122	28,404	28,690	28,979	29,270	29,564	29,862	290
4,1	30,162	30,465	30,772	31,081	31,393	31,709	32,028	32,350	32,675	33,004	332
4,2	33,336	33,671	34,009	34,351	34,697	35,046	35,398	35,754	36,113	36,476	367
4,3	36,843	37,214	37,588	37,966	38,347	38,733	39,122	39,515	39,913	40,314	405
4,4	40,719	41,129	41,542	41,960	42,382	42,808	43,238	43,673	44,112	44,555	448
4,5	45,003	45,455	45,912	46,374	46,840	47,311	47,787	48,267	48,752	49,242	495
4,6	49,737	50,237	50,742	51,252	51,767	52,288	52,813	53,344	53,880	54,422	547
4,7	54,969	55,522	56,080	56,643	57,213	57,788	58,369	58,955	59,548	60,147	604
4,8	60,751	61,362	61,979	62,601	63,231	63,866	64,508	65,157	65,812	66,473	668
4,9	67,141	67,816	68,498	69,186	69,882	70,584	71,293	72,010	72,734	73,465	738
5,0	74,203	74,949	75,702	76,463	77,232	78,008	78,792	79,584	80,384	81,192	816
5,1	82,008	82,832	83,665	84,506	85,355	86,213	87,079	87,955	88,839	89,732	
5,2	90,633	91,544	92,464	93,394	94,332	95,281	96,238	97,205	98,182	99,169	997
5,3	100,166	101,173	102,189	103,217	104,254	105,302	106,360	107,429	108,509	109,599	1102
5,4	110,701	111,814	112,938	114,072	115,219	116,377	117,547	118,728	119,921	121,127	1217
5,5	122,344	123,574	124,816	126,070	127,337	128,617	129,910	131,215	132,534	133,866	1345
5,6	135,211	136,570	137,943	139,329	140,730	142,144	143,578	145,016	146,473	147,945	1487
5,7	149,432	150,934	152,451	153,983	155,531	157,094	158,673	160,267	161,878	163,505	1643
5,8	165,148	166,808	168,485	170,178	171,888	173,616	175,361	177,123	178,903	180,701	1816
5,9	182,517	184,352	186,205	188,076	189,966	191,875	193,804	195,752	197,719	199,706	2007

[1]) Ausführlichere Tabellen siehe u. a.: Ligowski: Tafeln der Hyperbelfunktionen usw. Berlin: W. Ernst & Sohn 1890; Hayashi, Dr.-Ing.: Fünfstellige Tafeln usw. Berlin: Verein. wiss. Verleger 1921.

b) $\mathfrak{Cof}\ \varphi$ für $\varphi = 0$ bis $\varphi = 5{,}99$.

φ	0	1	2	3	4	5	6	7	8	9	D
0,0	1,0000	0001	0002	0005	0008	0013	0018	0025	0032	0041	9
0,1	1,0050	0061	0072	0085	0098	0113	0128	0145	0162	0191	20
0,2	1,0201	0221	0243	0266	0289	0314	0340	0367	0395	0424	29
0,3	1,0453	0484	0516	0550	0584	0619	0655	0692	0731	0770	41
0,4	1,0811	0852	0895	0939	0984	1030	1077	1125	1174	1225	51
0,5	1,1276	1329	1383	1438	1494	1551	1609	1669	1730	1792	63
0,6	1,1855	1919	1984	2051	2119	2188	2258	2330	2403	2477	75
0,7	1,2552	2628	2706	2785	2865	2947	3030	3114	3199	3286	88
0,8	1,3374	3464	3555	3647	3740	3835	3932	4029	4128	4229	102
0,9	1,4331	4434	4539	4645	4753	4862	4973	5085	5199	5314	117
1,0	1,5431	5549	5669	5790	5913	6038	6164	6292	6421	6553	132
1,1	1,6685	6820	6956	7093	7233	7374	7517	7662	7808	7957	150
1,2	1,8107	8258	8412	8568	8725	8884	9045	9208	9373	9540	169
1,3	1,9709	9880	*0053	*0228	*0404	*0583	*0764	*0947	*1132	*1320	189
1,4	2,1509	1700	1894	2090	2288	2488	2691	2896	3103	3312	212
1,5	2,3524	3738	3955	4174	4395	4619	4845	5074	5305	5538	237
1,6	2,5775	6014	6255	6499	6746	6995	7247	7502	7760	8020	263
1,7	2,8283	8549	8818	9090	9364	9642	9922	*0206	*0493	*0782	293
1,8	3,1075	1371	1669	1972	2277	2585	2897	3212	3531	3852	325
1,9	3,4177	4506	4838	5173	5512	5855	6201	6551	6904	7261	361
2,0	3,7622	7987	8355	8727	9103	9483	9867	*0255	*0647	*1043	400
2,1	4,1443	1847	2256	2669	3086	3507	3932	4362	4797	5236	443
2,2	4,5679	6127	6580	7037	7499	7966	8437	8914	9395	9881	491
2,3	5,0372	0868	1370	1876	2388	2905	3427	3954	4487	5026	544
2,4	5,5570	6119	6674	7235	7801	8373	8951	9535	*0125	*0721	602
2,5	6,1323	1931	2545	3166	3793	4426	5066	5712	6365	7024	666
2,6	6,7690	8363	9043	9729	*0423	*1123	*1831	*2546	*3268	*3998	737
2,7	7,4735	5479	6231	6990	7758	8533	9316	*0107	*0906	*1712	815
2,8	8,2527	3351	4182	5022	5871	6728	7594	8469	9352	*0244	902
2,9	9,1146	2056	2976	3905	4844	5792	6749	7716	8693	9680	997
3,0	10,0677	1684	2701	3728	4765	5814	6872	7942	9022	*0113	1102
3,1	11,1215	2328	3453	4589	5736	6895	8065	9247	*0442	*1648	1219
3,2	12,2867	4097	5340	6596	7864	9146	*0440	*1747	*3067	*4401	1347
3,3	13,5748	7108	8483	9871	*1273	*2689	*4120	*5565	*7024	*8498	1489
3,4	14,999	15,149	15,301	15,455	15,610	15,766	15,924	16,084	16,245	16,408	165
3,5	16,573	16,739	16,907	17,077	17,248	17,421	17,596	17,772	17,951	18,131	182
3,6	18,313	18,497	18,682	18,870	19,059	19,250	19,444	19,639	19,836	20,035	201
3,7	20,236	20,439	20,644	20,852	21,061	21,272	21,486	21,702	21,919	22,140	222
3,8	22,362	22,586	22,813	23,042	23,273	23,507	23,743	23,982	24,222	24,466	245
3,9	24,711	24,960	25,210	25,463	25,719	25,977	26,238	26,502	26,768	27,037	271
4,0	27,308	27,583	27,860	28,139	28,422	28,707	28,996	29,287	29,581	29,878	300
4,1	30,178	30,482	30,788	31,097	31,409	31,725	32,044	32,365	32,691	33,019	332
4,2	33,351	33,686	34,024	34,366	34,711	35,060	35,412	35,768	36,127	36,490	367
4,3	36,857	37,227	37,601	37,979	38,360	38,746	39,135	39,528	39,925	40,326	406
4,4	40,732	41,141	41,554	41,972	42,393	42,819	43,250	43,684	44,123	44,566	448
4,5	45,014	45,466	45,923	46,385	46,851	47,321	47,797	48,277	48,762	49,252	495
4,6	49,747	50,247	50,752	51,262	51,777	52,297	52,823	53,354	53,890	54,431	547
4,7	54,978	55,531	56,089	56,652	57,221	57,796	58,377	58,964	59,556	60,155	604
4,8	60,759	61,370	61,987	62,609	63,239	63,874	64,516	65,164	65,819	66,481	668
4,9	67,149	67,823	68,505	69,193	69,889	70,591	71,300	72,017	72,741	73,472	738
5,0	74,210	74,956	75,709	76,470	77,238	78,014	78,798	79,590	80,390	81,198	816
5,1	82,014	82,838	83,671	84,512	85,361	86,219	87,085	87,960	88,844	89,737	902
5,2	90,639	91,550	92,470	93,399	94,338	95,286	96,243	97,211	98,187	99,174	997
5,3	100,171	101,178	102,194	103,221	104,259	105,307	106,365	107,434	108,513	109,604	1102
5,4	110,706	111,818	112,942	114,077	115,223	116,381	117,551	118,732	119,925	121,131	1217
5,5	122,348	123,578	124,820	126,074	127,341	128,620	129,913	131,219	132,538	133,870	1345
5,6	135,215	136,574	137,947	139,333	140,733	142,147	143,576	145,019	146,476	147,949	1486
5,7	149,435	150,937	152,454	153,986	155,534	157,097	158,676	160,270	161,881	163,508	1643
5,8	165,151	166,811	168,488	170,181	171,891	173,619	175,364	177,126	178,906	180,704	1816
5,9	182,520	184,354	186,207	188,079	189,969	191,878	193,806	195,754	197,721	199,709	2007

c) $\mathfrak{Tg}\,\varphi$ für $\varphi = 0$ bis $\varphi = 2,89$.

φ	0	1	2	3	4	5	6	7	8	9	D
0,0	0,0000	0100	0200	0300	0400	0500	0599	0699	0798	0898	99
0,1	0,0997	1096	1194	1293	1391	1489	1587	1684	1781	1878	96
0,2	0,1974	2070	2165	2260	2355	2449	2543	2636	2729	2821	92
0,3	0,2913	3004	3095	3185	3275	3364	3452	3540	3627	3714	86
0,4	0,3800	3885	3969	4053	4136	4219	4301	4382	4462	4542	79
0,5	0,4621	4700	4777	4854	4930	5005	5080	5154	5227	5299	71
0,6	0,5371	5441	5511	5581	5649	5717	5784	5850	5915	5980	64
0,7	0,6044	6107	6169	6231	6291	6352	6411	6469	6527	6584	56
0,8	0,6640	6696	6751	6805	6858	6911	6963	7014	7064	7114	49
0,9	0,7163	7211	7259	7306	7352	7398	7443	7487	7531	7574	42
1,0	0,7616	7658	7699	7739	7779	7818	7857	7895	7932	7969	36
1,1	0,8005	8041	8076	8110	8144	8178	8210	8243	8275	8306	31
1,2	0,8337	8367	8397	8426	8455	8483	8511	8538	8565	8591	26
1,3	0,8617	8643	8668	8693	8717	8741	8764	8787	8810	8832	22
1,4	0,8854	8875	8896	8917	8937	8957	8977	8996	9015	9033	19
1,5	0,9052	9069	9087	9104	9121	9138	9154	9170	9186	9202	15
1,6	0,9217	9232	9246	9261	9275	9289	9302	9316	9329	9342	12
1,7	0,9354	9367	9379	9391	9402	9414	9425	9436	9447	9458	10
1,8	0,9468	9478	9488	9498	9508	9518	9527	9536	9545	9554	8
1,9	0,9562	9571	9579	9587	9595	9603	9611	9619	9626	9633	7
2,0	0,9640	9647	9654	9661	9668	9674	9680	9687	9693	9699	6
2,1	0,9705	9710	9716	9722	9727	9732	9738	9743	9748	9753	4
2,2	0,9757	9762	9767	9771	9776	9780	9785	9789	9793	9797	4
2,3	0,9801	9805	9809	9812	9816	9820	9823	9827	9830	9834	3
2,4	0,9837	9840	9843	9846	9849	9852	9855	9858	9861	9864	2
2,5	0,9866	9869	9871	9874	9876	9879	9881	9884	9886	9888	2
2,6	0,9890	9892	9895	9897	9899	9901	9903	9905	9906	9908	2
2,7	0,9910	9912	9914	9915	9917	9919	9920	9922	9923	9925	1
2,8	0,9926	9928	9929	9931	9932	9933	9935	9936	9937	9938	2

6. Werte für e^x und e^{-x} für $x = 0$ bis $x = 7$.

x	e^x	e^{-x}	x	e^x	e^{-x}	x	e^x	e^{-x}
0,00	1,0000	1,0000	0,20	1,2214	0,8187	0,40	1,4918	0,6703
01	1,0101	0,9901	21	1,2337	0,8106	41	1,5068	0,6637
02	1,0202	0,9802	22	1,2461	0,8025	42	1,5220	0,6571
03	1,0305	0,9705	23	1,2586	0,7945	43	1,5373	0,6505
04	1,0408	0,9608	24	1,2713	0,7866	44	1,5527	0,6440
05	1,0513	0,9512	25	1,2840	0,7788	45	1,5683	0,6376
06	1,0618	0,9418	26	1,2969	0,7711	46	1,5841	0,6313
07	1,0725	0,9324	27	1,3100	0,7634	47	1,6000	0,6250
08	1,0833	0,9231	28	1,3231	0,7558	48	1,6161	0,6188
09	1,0942	0,9139	29	1,3364	0,7483	49	1,6323	0,6126
0,10	1,1052	0,9048	0,30	1,3499	0,7408	0,50	1,6487	0,6065
11	1,1163	0,8958	31	1,3634	0,7335	51	1,6653	0,6005
12	1,1275	0,8869	32	1,3771	0,7262	52	1,6820	0,5945
13	1,1388	0,8781	33	1,3910	0,7189	53	1,6989	0,5886
14	1,1503	0,8694	34	1,4050	0,7118	54	1,7160	0,5828
15	1,1618	0,8607	35	1,4191	0,7047	55	1,7333	0,5770
16	1,1735	0,8521	36	1,4333	0,6977	56	1,7507	0,5712
17	1,1853	0,8437	37	1,4477	0,6907	57	1,7683	0,5655
18	1,1972	0,8353	38	1,4623	0,6839	58	1,7860	0,5599
19	1,2093	0,8270	39	1,4770	0,6771	59	1,8040	0,5543
0,20	1,2214	0,8187	0,40	1,4918	0,6703	0,60	1,8221	0,5488

x	e^x	e^{-x}	x	e^x	e^{-x}	x	e^x	e^{-x}
0,60	1,8221	0,5488	1,10	3,0042	0,3329	2,00	7,3891	0,1353
61	1,8404	0,5434	11	3,0344	0,3296	10	8,1662	0,1225
62	1,8589	0,5379	12	3,0649	0,3263	20	9,0250	0,1108
63	1,8776	0,5326	13	3,0957	0,3230	30	9,9742	0,1003
64	1,8965	0,5273	14	3,1268	0,3198	40	11,0232	0,0907
65	1,9155	0,5221	15	3,1582	0,3166	50	12,1825	0,0821
66	1,9348	0,5169	16	3,1899	0,3135	60	13,4637	0,0743
67	1,9542	0,5117	17	3,2220	0,3104	70	14,8797	0,0672
68	1,9739	0,5066	18	3,2544	0,3073	80	16,4447	0,0608
69	1,9937	0,5016	19	3,2871	0,3042	90	18,1742	0,0550
0,70	2,0138	0,4966	1,20	3,3201	0,3012	3,00	20,0855	0,0498
71	2,0340	0,4916	21	3,3535	0,2982	10	22,1980	0,0451
72	2,0544	0,4868	22	3,3872	0,2952	20	24,5325	0,0408
73	2,0751	0,4819	23	3,4212	0,2923	30	27,1126	0,0369
74	2,0959	0,4771	24	3,4556	0,2894	40	29,9641	0,0334
75	2,1170	0,4724	25	3,4903	0,2865	50	33,1155	0,0302
76	2,1383	0,4677	26	3,5254	0,2837	60	36,5982	0,0273
77	2,1598	0,4630	27	3,5609	0,2808	70	40,4473	0,0247
78	2,1815	0,4584	28	3,5966	0,2780	80	44,7012	0,0224
79	2,2034	0,4538	29	3,6328	0,2753	90	49,4025	0,0202
0,80	2,2255	0,4493	1,30	3,6693	0,2725	4,00	54,5982	0,0183
81	2,2479	0,4449	31	3,7062	0,2698	10	60,3403	0,0166
82	2,2705	0,4404	32	3,7434	0,2671	20	66,6863	0,0150
83	2,2933	0,4361	33	3,7810	0,2645	30	73,6998	0,0136
84	2,3164	0,4317	34	3,8190	0,2619	40	81,4509	0,0123
85	2,3397	0,4274	35	3,8574	0,2592	50	90,0171	0,0111
86	2,3632	0,4232	36	3,8962	0,2567	60	99,4843	0,0101
87	2,3869	0,4190	37	3,9354	0,2541	70	109,9472	0,0091
88	2,4109	0,4148	38	3,9749	0,2516	80	121,5104	0,0082
89	2,4351	0,4107	39	4,0149	0,2491	90	134,2898	0,0075
0,90	2,4596	0,4066	1,40	4,0552	0,2466	5,00	148,4132	0,0067
91	2,4843	0,4025	41	4,0960	0,2441	10	164 0219	0,0061
92	2,5093	0,3985	42	4,1371	0,2417	20	181,2722	0,0055
93	2,5345	0,3946	43	4,1787	0,2393	30	200,3368	0,0050
94	2,5600	0,3906	44	4,2207	0,2369	40	221,4064	0,0045
95	2,5857	0,3867	45	4,2631	0,2346	50	244,6919	0,0041
96	2,6117	0,3829	46	4,3060	0,2322	60	270,4264	0,0037
97	2,6379	0,3791	47	4,3492	0,2299	70	298,8674	0,0034
98	2,6645	0,3753	48	4,3930	0,2276	80	330,2996	0,0030
99	2,6912	0,3716	49	4,4371	0,2254	90	365,0375	0,0027
1,00	2,7183	0,3679	1,50	4,4817	0,2231	6,00	403,4288	0,0025
01	2,7456	0,3642	55	4,7115	0,2123	10	445,8578	0,0022
02	2,7732	0,3606	60	4,9530	0,2019	20	492,7490	0,0020
03	2,8011	0,3570	65	5,2070	0,1921	30	544,5719	0,0018
04	2,8292	0,3535	70	5,4740	0,1827	40	601,8450	0,0017
05	2,8577	0,3499	75	5,7546	0,1738	50	665,1416	0,0015
06	2,8864	0,3465	80	6,0497	0,1653	60	735,0952	0,0014
07	2,9154	0,3430	85	6,3598	0,1572	70	812,4058	0,0012
08	2,9447	0,3396	90	6,6859	0,1496	80	897,8473	0,0011
09	2,9743	0,3362	95	7,0287	0,1423	90	992,2747	0,0010
1,10	3,0042	0,3329	2,00	7,3891	0,1353	7,00	1096,6332	0,0009

7. Wichtige Zahlenwerte.

Größe	n	$\lg n$	Größe	n	$\lg n$	Größe	n	$\lg n$
π	3,1415..	0,4972	$1:\pi$	0,3183	$0,5029-1$	$\sqrt[3]{e}$	1,3956	0,1448
$\pi:2$	1,5708	0,1961	$\sqrt{\pi}$	1,7725	0,2486	g	9,81	0,9917
$\pi:3$	1,0472	0,0200	$\sqrt[3]{\pi}$	1,4646	0,1657	g^2	96,2361	1,9833
$\pi:4$	0,7854	$0,8951-1$	e	2,7182	0,4343	$\sqrt{g}$	3,1321	0,4958
π^2	9,8696	0,9943	$1:e$	0,3679	$0,5657-1$	$1:2g$	0,0510	$0,7083-2$
π^3	31,0063	0,4915	$\sqrt{e}$	1,6487	0,2172	$\sqrt{2g}$	4,4294	0,6464

Zweiter Abschnitt: Mechanik.

1. Reibungszahlen der Haftreibung und der gleitenden Reibung.

Reibende Körper	Reibungszahlen der					
	Haftreibung (Ruhe) μ_0			gleitenden Reibung (Bewegung) μ		
	trocken	geschmiert	mit Wasser	trocken	geschmiert	mit Wasser
Eiche auf Eiche = [1] . . .	0,62	0,44[2])	—	0,48	0,16[2])	—
„ „ „ + [1]) . . .	0,54	—	0,71	0,34	—	0,25
„ „ ⊥ [1]) . . .	0,43	—	—	0,19	—	—
„ „ Messing = . . .	0,62	—	—	—	—	—
Stahl auf Stahl	0,15	0,1	—	0,1	0,009	—
„ „ Gußeisen, Rotguß oder Bronze	0,18	0,1	—	0,16	0,01	—
Gußeisen auf Eiche = . . .	—	—	0,65	0,49	0,19[2])	0,22
„ „ Gußeisen . . .	—	—	—	—	0,19[2])	0,31
„ „ Bronze	—	—	—	0,22	0,08÷0,07	0,31
Bronze auf Bronze	—	0,11	—	0,20	0,06	0,10
Metall auf Holz	0,6÷0,5	0,1	—	0,5÷0,2	0,08÷0,02	0,26÷0,22
Holz auf Holz	0,65	0,2	0,7	0,4÷0,2	0,16÷0,04	0,25
Leder auf Metall (Dichtungen)	0,6	0,25	0,62	0,25	0,12	0,36
Lederriemen auf Gußeisen .	0,56	—	0,36	0,28	0,12	0,38
„ „ Holz . . .	0,27	—	—	0,47	—	—
Hanfseil auf rauhem Holz .	0,50	—	—	0,50	—	—
„ „ glattem Holz .	0,33	—	—	—	—	—

2. Lineare Ausdehnungszahlen (bei mittleren Temperaturen).

Aluminium	. . 0,000024	Kupfer	0,000017
Bronze	 0,000018	Glas (mittel) .	0,000007
Stahl	 0,000011	Porzellan . . .	0,000003
Gußeisen	. . . 0,000009	Quarzglas . .	0,0000005

3. Spezifische Wärme einiger fester und flüssiger Körper zwischen 0 und 100° C[3]).

Aluminium . . . 0,22	Asche 0,20	Äther 0,54
Blei 0,031	Beton 0,21	Alkohol . . . 0,58
Gold 0,032	Eis 0,50	Ammoniak . . 1,00
Konstantan . . 0,098	Glas 0,20	Glyzerin . . . 0,58
Kupfer 0,093	Graphit 0,21	Maschinenöl . . 0,40
Magnesium . . 0,24	Holz (Eiche) . . 0,57	Petroleum . . . 0,50
Messing . . . 0,093	Holz (Fichte) . . 0,65	Schwefelsäure . . 0,33
Nickel 0,110	Holzkohle . . . 0,17	Schweflige Säure . 0,32
Platin 0,04	Koks 0,20	Wasser 1,00
Quecksilber . . 0,033	Sandstein . . . 0,22	Kork 0,49
Stahl 0,110	Steinkohle b. 1200° 0,48	Kork, expandiert . 0,33
Silber 0,057	Ziegelsteine . . 0,22	Hochofenschlacke . 0,18
Zink 0,09		Kieselgur . . . 0,21
Zinn 0,06		Torf 0,45

[1]) = bedeutet, daß die Bewegung in der Richtung der Fasern beider Körper, +, daß sie senkrecht gegen die Faser des gleitenden Körpers erfolgt, ⊥, daß Hirnholz auf Langholz in Faserrichtung des Langholzes reibt.

[2]) Geschmiert mit trockener Seife.   [3]) $\dfrac{cal}{g^0 C}$.

4. Schmelz- und Gefrierpunkte einiger Körper bei 760 mm Q.-S.

Alkohol, absolut . —110⁰ C	Stahl .... 1470÷1500⁰ C	Platin ...... 1774⁰ C
Aluminium .... 659⁰ C	Gußeisen .. 1152÷1350⁰ C	Porzellan .... 1680⁰ C
Ammoniak .... —78⁰ C	Glyzerin ..... —19⁰ C	Quecksilber ... —38,9⁰ C
Antimon ..... 630⁰ C	Iridium ..... 2400⁰ C	Schwefel ..... 115⁰ C
Äther ...... —118⁰ C	Kupfer ...... 1083⁰ C	Schwefelkohlenstoff —112⁰ C
Blei ...... 327⁰ C	Leinöl ...... —20⁰ C	Stickstoff ....—194⁰ C
Cadmium ..... 320,9⁰ C	Mangan ..... 1210⁰ C	Wasser ...... 0⁰ C
Chlorkalziumlösung,	Meerwasser ...—2,5⁰ C	Wachs ...... 64⁰ C
gesättigt .... —40⁰ C	Messing ..... 900⁰ C	Wolfram ..... 3400⁰ C
Deltametall .... 950⁰ C	Naphthalin .... 80⁰ C	Zink .... 419⁰ C
Eisen, rein .... 1530⁰ C	Nickel ..... 1452⁰ C	Zinn .... 232⁰ C

5. Siedepunkte einiger Körper bei 760 mm Q.-S.

Ammoniak .... 33,4⁰ C	Gesättigte Kochsalz-	Sauerstoff ....—183⁰ C
Äthylen .....—104⁰ C	lösung .... 108⁰ C	Schwefelkohlenstoff 46⁰ C
Alkohol, absolut . 78,3⁰ C	Kohlensäure ..—78,5⁰ C	Stickstoff .....—196⁰ C
Äther ...... 34,5⁰ C	Kohlenoxyd ..—191,5⁰ C	Stickoxydul (N₂O) . —92⁰ C
Benzol ...... 80⁰ C	Leinöl ...... 316⁰ C	Stickoxyd (NO) . .—147⁰ C
Chlor .....—35,0⁰ C	Paraffin ..... 300⁰ C	Wasser ...... 100⁰ C
Helium ....—269⁰ C	Quecksilber .... 357⁰ C	Wasserstoff ....—253⁰ C
	Schwefel .... 444,6⁰ C	

6. Werte für Wärmeleitzahl λ [kcal/m⁰C h].

a) Metalle.

Stoff	Meßtemperatur (⁰ C)	λ	Stoff	Meßtemperatur (⁰ C)	λ
Aluminium	300	200	Stahl (0,1 vH C) ..	300	40
	500	230 ± 40 vH		600	32
Bronze	200	48		900	29
Gußeisen	10	43 ± 25 vH	Zink	200	90 ± 10 vH
Kupfer, rein	20 bis 200	335		400	80 ± 10 vH
Messing	100	90	Zinn	200	52 ± 10 vH
Nickel	500	41 ± 10 vH			

b) Bau- und feuerfeste Stoffe.

Beton	20	1,10	Porzellan	95	0,9
Gipsplatten	20	0,37		1055	1,7
Glas	17	0,72	Schamottestein [1]) ..	200	1,0
Kiefernholz, trocken				500	1,16
⊥ Faser	15	0,14	Silikastein	600	0,88
‖ Faser	20	0,29		1000	1,19
Kalkstein	100 bis 300	1,1	Ziegelmauerwerk ..		0,35 bis 0,5

c) Isolierstoffe.

	Raumgewicht in kg/m³	λ bei 100⁰ C		Raumgewicht in kg/m³	λ bei 100⁰ C
Kieselgurmasse mit Tonzusatz .. {	500	0,075	Asbest, lose	300	0,060
	800	0,135		500	0,128
	1000	0,190	Seide	58	0,035[2])
Gebrannter Kieselgurstoff .. {	200	0,071	Schlackenwolle ...	119	0,034[2])
	400	0,086	Kork	107	0,040[2])
	600	0,111		160	0,044[2])
Schlacken- und Glaswolle .... {	200	0,045			
	400	0,060			

[1] Raumgewicht 1865 kg/m³.   [2]) bei 30°.

7. Zahlentafel für Gase.

Gas	Wichte γ bei 15° C und 1 at kg/m³	Wichte γ bei 0° C u. 760 mm QS kg/m³	Gas-kon-stante $R \frac{m}{°C}$	Spezifische Wärme für 1 kg bei 15° C c_p	c_v	Spezifische Wärme für 1 m³ bei 15° C u. 1 at C_p	C_v	$x = \frac{c_p}{c_v}$ bei 0° C	Mole-kular-ge-wicht m
Luft........	1,188	1,293	29,27	0,241	0,172	0,286	0,204	1,402	29
Sauerstoff ...	1,312	1,429	26,50	0,218	0,156	0,286	0,204	1,400	32
Stickstoff (rein)..	1,151	1,251	30,26	0,249	0,178	0,287	0,205	1,400	28
Wasserstoff..	0,0827	0,090	420,60	3,408	2,42	0,281	0,200	1,409	2
Kohlenoxyd.	1,148	1,250	30,29	0,250	0,180	0,287	0,204	1,398	28
Kohlensäure .	1,804	1,977	19,27	0,202	0,156	0,364	0,281	1,300	44
Schwefl. Säure	2,627	2,926	13,24	0,15	0,12	0,394	0,315	1,272	64
Ammoniak ..	0,700	0,771	49,80	0,53	0,41	0,371	0,287	1,313	17
Azetylen	1,066	1,171	32,59					1,244	26

8. Wärmeübergangszahl α in kcal/m² h ⁰ C für ebene Wände und überschlägige Rechnungen (durch Berührung).

$\alpha = 10000$ und mehr für kondensierenden Dampf, $\left.\right\}$ je nach der Geschwindigkeit w in m/s,
$\alpha = 2000$ bis 6000 für siedendes Wasser
$\alpha = 300 + 1800 \sqrt{w}$ für nicht siedendes Wasser, w in m/s,
$\alpha = 5,0 + 3,4 w$ für Luft und $w \leqq 5$ m/s,
$\alpha = 100$ für überhitzten Dampf.

9. Wärmeübergangszahl α in kcal/m² h ⁰C für Oberflächenkondensation.

$\alpha = 12000$ bis 14000 für Übergang von Dampf und Wandung,
$\alpha = 4500 \sqrt{w} + 300$ „   .   „ Wasser und Wandung, w in m/s.

10. Wärmedurchgangszahl k in kcal/m² h ⁰C

in Abhängigkeit der Kesselbeanspruchung

D/H 12—15 kg/m²h $k = 16—18$
„   16—18 „ $k = 18—20$ $\left.\right\}$ für Oberhitzheizfläche
„   19—22 „ $k = 21—23$
„   23—25 „ $k = 24—26$
„   26—30 „ $k = 27—30$

für reine Rauchgasvorwärmerrohre

$k = 10—14$ für glatte, gußeiserne Rohre,
$k = 8—10$ „ Rippenrohre,
$k = 15—20$ „ Flußstahlrohre;

für Oberflächenkondensation
$k = 1500—1800.$

11. Wärmedurchgangszahl k in kcal/m² h ⁰C für die Überhitzerfläche in Abhängigkeit vom mittleren Temperaturunterschied ϑ_m zwischen Heizgas und Dampf.

ϑ_m	150	160	170	180	190	200	210	220	230	240	250	⁰ C
k	12	13	14	15	17	19	21	24	27	30	34	kcal/m²h ⁰C

12. Strahlungskonstante C in kcal/m² h ⁰C⁴.

Stoff	Oberfläche	C	Stoff	Oberfläche	C
Aluminium	roh	0,35÷0,43	Kalkmörtel ..	rauh, weiß	4,60
„	poliert	0,19	Wasser	senkrechte	
Glas	glatt	4,65		Strahlung	4,75
Messing	poliert	0,25	Eichenholz ...	gehobelt	4,44
Kupfer	„	0,24	Ruß	glatt	4,60
Stahl	mattoxydiert	4,76	Schamottesteine .	glasiert	3,70
„	poliert	1,42	Ziegelsteine ...	rauh, rot	4,6÷4,7
Gußeisen	abgedreht	2,16			

13. Adiabatische und polytropische Expansion von Gasen[1]).

$$\frac{V_1}{V_2} = \left(\frac{P_1}{P_2}\right)^{\frac{1}{m}} \text{ für folgende Werte von } m$$

P_1/P_2	1,0	1,05	1,1	1,135	1,15	1,2	1,25	1,3	1,35	1,4
1,1	1,10	1,095	1,091	1,088	1,086	1,083	1,079	1,076	1,073	1,070
1,2	1,20	1,190	1,180	1,174	1,172	1,164	1,157	1,151	1,145	1,139
1,3	1,30	1,284	1,269	1,260	1,256	1,244	1,234	1,224	1,215	1,206
1,4	1,40	1,378	1,358	1,345	1,340	1,324	1,309	1,295	1,283	1,271
1,5	1,50	1,471	1,446	1,429	1,423	1,402	1,383	1,366	1,350	1,336
1,6	1,60	1,565	1,533	1,513	1,505	1,479	1,456	1,436	1,416	1,399
1,7	1,70	1,658	1,620	1,596	1,586	1,556	1,529	1,504	1,482	1,461
1,8	1,80	1,750	1,706	1,678	1,667	1,632	1,600	1,572	1,546	1,522
1,9	1,90	1,843	1,792	1,760	1,747	1,707	1,671	1,638	1,609	1,582
2,0	2,00	1,935	1,878	1,842	1,827	1,782	1,741	1,704	1,671	1,641
2,2	2,20	2,12	2,05	2,00	1,985	1,929	1,878	1,834	1,793	1,756
2,4	2,40	2,30	2,22	2,16	2,14	2,07	2,01	1,961	1,913	1,869
2,6	2,60	2,48	2,38	2,32	2,30	2,22	2,15	2,09	2,03	1,979
2,8	2,80	2,67	2,55	2,48	2,45	2,36	2,28	2,21	2,14	2,09
3,0	3,00	2,85	2,72	2,63	2,60	2,50	2,41	2,33	2,26	2,19
3,2	3,20	3,03	2,88	2,79	2,75	2,64	2,54	2,45	2,37	2,30
3,4	3,40	3,21	3,04	2,94	2,90	2,77	2,66	2,56	2,48	2,40
3,6	3,60	3,39	3,21	3,09	3,05	2,91	2,79	2,68	2,58	2,50
3,8	3,80	3,57	3,37	3,24	3,19	3,04	2,91	2,79	2,69	2,60
4,0	4,00	3,74	3,53	3,39	3,34	3,17	3,03	2,90	2,79	2,69
4,2	4,20	3,92	3,69	3,54	3,48	3,31	3,15	3,02	2,90	2,79
4,4	4,40	4,10	3,85	3,69	3,63	3,44	3,27	3,13	3,00	2,88
4,6	4,60	4,28	4,00	3,84	3,77	3,57	3,39	3,23	3,10	2,97
4,8	4,80	4,45	4,16	3,98	3,91	3,70	3,51	3,34	3,20	3,07
5,0	5,00	4,63	4,32	4,13	4,05	3,82	3,62	3,45	3,29	3,16
5,5	5,50	5,07	4,71	4,49	4,40	4,14	3,91	3,71	3,54	3,38
6,0	6,00	5,51	5,10	4,85	4,75	4,45	4,19	3,97	3,77	3,60
6,5	6,50	5,94	5,48	5,20	5,09	4,76	4,47	4,22	4,00	3,81
7,0	7,00	6,38	5,86	5,55	5,43	5,06	4,74	4,47	4,23	4,01
7,5	7,50	6,81	6,24	5,90	5,77	5,36	5,01	4,71	4,45	4,22
8,0	8,00	7,24	6,62	6,25	6,10	5,66	5,28	4,95	4,67	4,42
8,5	8,50	7,68	7,00	6,59	6,43	5,95	5,54	5,19	4,88	4,61
9,0	9,00	8,11	7,37	6,93	6,76	6,24	5,80	5,42	5,09	4,80
9,5	9,50	8,53	7,74	7,27	7,08	6,53	6,06	5,65	5,30	4,99
10,0	10,00	8,96	8,11	7,60	7,41	6,81	6,31	5,88	5,50	5,19
11,0	11,0	9,81	8,84	8,27	8,04	7,38	6,81	6,33	5,91	5,54
12,0	12,0	10,66	9,57	8,93	8,68	7,93	7,30	6,76	6,30	5,90
13,0	13,0	11,56	10,30	9,58	9,30	8,48	7,78	7,19	6,69	6,25
14,0	14,0	12,34	11,01	10,23	9,92	9,02	8,26	7,61	7,06	6,59
15,0	15,0	13.18	11,73	10,87	10,54	9,55	8.73	8,03	7,43	6,92

[1]) Aus Puschmann, Technische Wärmelehre.

14. VDI-Wasserdampftafeln. Sättigungszustand (Drucktafeln).

Druck at (kg/cm²) (absolut)	Sättigungstemperatur °C	Rauminhalt des Dampfes m³/kg	Wichte des Dampfes kg/m³	Wärmeinhalt kcal/kg		i''—i' Verdampfungswärme kcal/kg	Entropie kcal/°C kg	
				der Flüssigkeit	des Dampfes		der Flüssigkeit	des Dampfes
p	t	v''	γ''	i'	i''	r	s'	s''
0,010	6,698	131,7	0,007595	6,73	600,1	593,4	0,0243	2,1447
0,015	12,737	89,64	0,01116	12,78	602,8	590,0	0,0457	2,1096
0,020	17,204	68,27	0,01465	17,24	604,8	587,6	0,0612	2,0847
0,025	20,776	55,28	0,01809	20,80	606,4	585,6	0,0735	2,0655
0,030	23,772	46,53	0,02149	23,79	607,7	583,9	0,0836	2,0499
0,035	26,359	40,23	0,02486	26,37	608,8	582,4	0,0923	2,0366
0,040	28,641	35,46	0,02820	28,65	609,8	581,1	0,0998	2,0253
0,045	30,69	31,73	0,03152	30,69	610,7	580,0	0,1065	2,0153
0,050	32,55	28,73	0,03481	32,55	611,5	578,9	0,1126	2,0064
0,055	34,25	26.26	0,03808	34,24	612,2	578,0	0,1181	1,9982
0,060	35,82	24,19	0,04134	35,81	612,9	577,1	0,1232	1,9908
0,065	37,29	22,43	0,04458	37,27	613,5	576,2	0,1280	1,9841
0,070	38,66	20,92	0,04780	38,64	614,1	575,5	0,1324	1,9779
0,085	42,32	17,43	0,05739	42,29	615,7	573,4	0;1439	1,9612
0,10	45,45	14,95	0,06688	45,41	617,0	571,6	0,1538	1,9478
0,15	53,60	10,21	0,09791	53,54	620,5	567,0	0,1790	1,9140
0,20	59,67	7,795	0,1288	59,61	623,1	563,5	0,1974	1,8903
0,25	64,56	6,322	0,1582	64,49	625,1	560.6	0,2120	1,8718
0,30	68,68	5,328	0,1877	68,61	626,8	558,2	0,2241	1,8567
0,40	75,42	4,069	0,2458	75,36	629,5	554,1	0,2437	1,8334
0,50	80,86	3,301	0,3029	80,81	631,6	550,8	0,2592	1,8150
0,60	85,45	2,783	0,3594	85,41	633,4	548,0	0,2721	1,8001
0,70	89,45	2,409	0,4152	89,43	634,9	545,5	0,2832	1,7874
0,80	92,99	2,125	0,4705	92,99	636,2	543,2	0,2930	1,7767
0,90	96,18	1,904	0,5253	96,19	637,4	541,2	0,3018	1,7673
1,0	99,09	1,725	0,5797	99,12	638,5	539,4	0,3096	1,7587
1,5	110,79	1,180	0,8472	110.92	642,8	531,9	0,3408	1,7260
2,0	119,62	0,9016	1,109	119,87	645,8	525,9	0,3638	1,7029
2,5	126,79	0,7316	1,367	127,2	648,3	521,1	0,3820	1,6851
3,0	132,88	0,6166	1,622	133,4	650,3	516,9	0,3973	1,6703
3,5	138,19	0,5335	1,874	138,8	651,9	513,1	0,4106	1,6579
4,0	142,92	0,4706	2,125	143,6	653,4	509,8	0,4221	1,6474
4,5	147,20	0,4213	2,374	148,0	654,7	506,7	0,4326	1,6380
5,0	151,11	0,3816	2,621	152,1	655,8	503,7	0,4422	1,6297
5,6	155,41	0,3429	2,916	156.5	657,1	500,6	0,4527	1,6205
6,0	158,08	0,3213	3,112	159,3	657,8	498,5	0,4591	1,6151
6,6	161,82	0,2937	3,405	163,2	658,8	495,6	0,4681	1,6076
7,0	164,17	0,2778	3,600	165,6	659,4	493,8	0,4737	1,6029
7,6	167,51	0,2570	3,891	169,1	660.3	491.2	0,4815	1.5963
8,0	169.61	0,2448	4.085	171,3	660,8	489,5	0,4865	1,5922

VDI-Wasserdampftafeln. Sättigungszustand (Drucktafeln). (Forts.)

Druck at (kg/cm²) (absolut)	Sättigungstemperatur °C	Rauminhalt des Dampfes m³/kg	Wichte des Dampfes kg/m³	Wärmeinhalt kcal/kg		i″—i′ Verdampfungswärme kcal/kg	Entropie kcal/°C kg	
				der Flüssigkeit	des Dampfes		der Flüssigkeit	des Dampfes
p	t	v''	γ''	i'	i''	r	s'	s''
8,6	172,61	0,2286	4,375	174,4	661,5	487,1	0,4935	1,5865
9,0	174,53	0,2189	4,568	176,4	662,0	485,6	0,4980	1,5827
9,6	177,28	0,2059	4,857	179,3	662,6	483,3	0,5044	1,5774
10,0	179,04	0,1981	5,049	181,2	663,0	481,8	0,5085	1,5740
11,0	183,20	0,1808	5,530	185,6	663,9	478,3	0,5180	1,5661
12,0	187,08	0,1664	6,010	189,7	664,7	475,0	0,5269	1,5592
13,0	190,71	0,1541	6,488	193,5	665,4	471,9	0,5352	1,5526
14,0	194,13	0,1435	6,967	197,1	666.0	468,9	0,5430	1,5464
15,0	197,36	0,1343	7,446	200,6	666,6	466,0	0,5503	1,5406
16,0	200,43	0,1262	7,925	203,9	667,1	463,2	0,5572	1,5351
17,0	203,35	0,1190	8,405	207,1	667,5	460,4	0,5638	1,5300
18,0	206,14	0,1126	8,886	210,1	667,9	457,8	0,5701	1,5251
19,0	208,81	0,1068	9,366	213,0	668,2	455,2	0,5761	1,5205
20,0	211,38	0,1016	9,846	215,8	668,5	452,7	0,5820	1,5160
21,0	213,85	0,09682	10,33	218,5	668,7	450,2	0,5875	1,5118
22,0	216,23	0,09251	10,81	221,2	668,9	447,7	0,5928	1,5078
23,0	218,53	0,08856	11,29	223,6	669,1	445,5	0,5978	1,5038
24,0	220,75	0,08492	11,78	226,1	669,3	443,2	0,6026	1,5000
25,0	222,90	0,08157	12,26	228,5	669,4	440,9	0,6074	1,4962
26,0	224,99	0,07846	12,75	230,8	669,5	438,7	0,6120	1,4926
28,0	228,98	0,07288	13,72	235,2	669,6	434,4	0,6206	1,4857
30	232,76	0,06802	14,70	239,5	669,7	430,2	0,6290	1,4793
33	238,08	0,06179	16,18	245,5	669,6	424,1	0,6406	1,4702
35	241,42	0,05822	17,18	249,4	669,5	420,1	0,6479	1,4645
38	246,17	0,05353	18,68	254,8	669,3	414,5	0,6584	1,4564
40	249,18	0,05078	19,69	258,2	669,0	410,8	0,6649	1,4513
45	256,23	0,04495	22,25	266,5	668,2	401,7	0,6803	1,4392
50	262,70	0,04024	24,85	274,2	667,3	393,1	0,6944	1,4280
55	268,69	0,03636	27,50	281,4	666,2	384,8	0,7075	1,4176
60	274,29	0,03310	30,21	288,4	665,0	376,6	0,7196	1,4078
65	279,54	0,03033	32,97	294,8	663,6	368,8	0,7311	1,3986
70	284,48	0,02795	35,78	300,9	662,1	361,2	0,7420	1,3897
75	289,17	0,02587	38,66	307,0	660,5	353,5	0,7524	1,3813
80	293,62	0,02404	41,60	312,6	658,9	346,3	0,7623	1,3731
85	297,86	0,02241	44,62	318,2	657,0	338,8	0,7718	1,3654
90	301,92	0,02096	47,71	323,6	655,1	331,5	0,7810	1,3576
95	305,80	0,01964	50,91	328,8	653,2	324,4	0,7898	1,3500
100	309,53	0,01845	54,21	334,0	651,1	317,1	0,7983	1,3424
110	316,58	0,01637	61,08	344,0	646,7	302,7	0,8147	1,3279
120	323,15	0,01462	68,42	353,9	641,9	288,0	0,8306	1,3138

VDI-Wasserdampftafeln. Sättigungszustand (Drucktafeln). (Schluß.)

Druck at (kg/cm²) (absolut)	Sätti- gungs- tempe- ratur °C	Raum- inhalt des Dampfes m³/kg	Wichte des Dampfes kg/m³	Wärmeinhalt kcal/kg		$i''-i'$ Ver- dampf- ungs- wärme kcal/kg	Entropie kcal/°C kg	
				der Flüssig- keit	des Dampfes		der Flüssig- keit	des Dampfes
p	t	v''	γ''	i'	i''	r	s'	s''
126	326,88	0,01369	73,03	359,4	638,7	279,3	0,8397	1,3054
130	329,30	0,01312	76,23	363,0	636,6	273,6	0,8458	1,2998
140	335,09	0,01181	84,68	372,4	631,0	258,6	0,8606	1,2858
150	340,56	0,01065	93,90	381,7	624,9	243,2	0,8749	1,2713
160	345,74	0,009616	104,0	390,8	618,3	227,5	0,8892	1,2564
180	355,35	0,007809	128,0	410,2	602,5	192,3	0,9186	1,2251
200	364,08	0,00620	161,2	431,5	582,3	150,8	0,9514	1,1883
224	373,6	0,00394	254	478	532	54	1,022	1,10

15. Gesättigter Wasserdampf von $+ 0^0$ bis $+ 34^0$.

Tem- peratur t °C	Druck p kg/cm²	Druck mm QS	Spezifisches Volumen v'' m³/kg	Wichte $1000\ \gamma''$ g/m³
0	0,006228	4,581	206,3	4,846
1	0,006694	4,923	192,7	5,191
2	0,007193	5,290	180,0	5,557
3	0,007723	5,681	168,2	5,945
4	0,008289	6,097	157,3	6,358
5	0,008890	6,539	147,2	6,795
6	0,009530	7,009	137,8	7,257
7	0,010210	7,509	129,1	7,747
8	0,010932	8,040	121,0	8,267
9	0,011699	8,605	113,4	8,816
10	0,012513	9,203	106,4	9,396
11	0,013376	9,838	99,92	10,01
12	0,014291	10,491	93,85	10,66
13	0,015261	11,225	88,19	11,34
14	0,016289	11,981	82,91	12,06
15	0,017376	12,780	77,99	12,82
16	0,018527	13,627	73,39	13,63
17	0,019745	14,522	69,10	14,47
18	0,02103	15,468	65,10	15,36
19	0,02239	16,468	61,35	16,30
20	0,02383	17,527	57,84	17,29
21	0,02534	18,638	54,56	18,33
22	0,02694	19,814	51,49	19,42
23	0,02863	21,057	48,63	20,56
24	0,03041	22,367	45,94	21,77
25	0,03229	23,641	43,41	23,04
26	0,03426	25,198	41,04	24,37
27	0,03634	26,718	38,82	25,76
28	0,03853	28,339	36,73	27,23
29	0,04083	30,030	34,77	28,76
30	0,04325	31,810	32,93	30,06
31	0,04580	33,686	31,20	32,04
32	0,04847	35,650	29,58	33,80
33	0,05128	37,716	28,05	35,65
34	0,05423	39,886	26,61	37,58

16. Wärmeinhalt von Wasserdampf aus Wasser von 0 °C in kcal/kg nach VDI-Wasserdampftafeln 1937.

Teil 1 — Überhitzter Dampf bei °C (250–450)

Druck p kg/cm² absolut	Sattdampf Sättigungstemperatur °C	250	270	290	310	330	350	360	370	380	390	400	410	420	430	440	450
6	158,1	706,0	715,8	725,5	735,4	745,3	755,1	760,1	765,1	770,1	775,0	780,0	785,0	790,0	795,0	800,1	805,2
11	183,2	701,9	712,2	722,3	732,5	742,6	752,8	757,8	762,9	767,9	773,0	778,1	783,2	788,3	793,4	798,4	803,6
12	187,1	701,1	711,5	721,6	731,9	742,1	752,3	757,3	762,4	767,5	772,6	777,7	782,8	787,9	793,0	798,1	803,3
13	190,7	700,3	710,8	721,0	731,3	741,6	751,8	756,9	762,0	767,1	772,2	777,3	782,4	787,6	792,7	797,9	803,0
14	194,1	699,4	710,0	720,3	730,7	741,0	751,3	756,4	761,6	766,7	771,8	776,9	782,1	787,2	792,4	797,6	802,7
15	197,4	698,5	709,3	719,7	730,1	740,5	750,9	756,0	761,1	766,3	771,4	776,6	781,7	786,9	792,1	797,3	802,4
16	200,4	697,6	708,5	719,1	729,6	740,0	750,4	755,5	760,7	765,9	771,0	776,2	781,3	786,5	791,7	796,9	802,1
17	203,4	696,7	707,7	718,4	729,0	739,4	749,9	755,1	760,3	765,4	770,6	775,8	781,0	786,1	791,4	796,6	801,8
18	206,2	695,7	706,9	717,7	728,4	738,9	749,4	754,6	759,8	765,0	770,2	775,4	780,6	785,8	791,0	796,3	801,5
21	213,9	692,9	704,6	715,7	726,6	737,3	748,0	753,3	758,5	763,8	769,0	774,3	779,5	784,8	790,0	795,3	800,5
22	216,2	691,9	703,7	715,0	726,0	736,8	747,6	752,8	758,1	763,4	768,6	773,9	779,1	784,4	789,7	795,0	800,2
24	220,8	689,9	702,1	713,6	724,8	735,7	746,5	751,9	757,2	762,5	767,8	773,1	778,4	783,7	789,0	794,3	799,6
26	225,0	687,8	700,4	712,2	723,5	734,6	745,6	751,1	756,3	761,7	767,0	772,3	777,7	783,0	788,3	793,7	799,0
28	229,0	685,6	698,6	710,7	722,2	733,5	744,6	750,0	755,4	760,8	766,2	771,6	776,9	782,3	787,7	793,0	798,3
30	232,8	683,3	696,8	709,2	721,0	732,4	743,6	749,1	754,6	760,0	765,4	770,8	776,2	781,6	787,0	792,4	797,7
33	238,1	679,5	693,9	706,9	719,0	730,7	742,1	747,7	753,1	758,6	764,1	769,6	775,0	780,5	785,9	791,4	796,8
35	241,5	676,9	692,0	705,3	717,7	729,5	741,0	746,6	752,2	757,7	763,3	768,8	774,3	779,8	785,3	790,7	796,1
41	250,7		685,7	700,2	713,5	726,0	737,9	743,6	749,4	755,1	760,7	766,5	772,1	777,6	783,2	788,7	794,3
45	256,3		681,0	696,6	710,6	723,4	735,7	741,6	747,5	753,3	759,1	764,9	770,6	776,3	781,9	787,5	793,0
51	263,9		673,3	690,8	705,9	719,6	732,4	738,4	744,5	750,7	756,7	762,6	768,2	774,1	779,8	785,7	791,1
60	274,3			681,0	698,5	713,1	726,0	732,4	738,8	745,0	751,6	758,7	764,7	770,6	776,5	782,4	788,2
65	279,6			675,0	693,7	709,8	723,4	730,0	736,5	743,0	749,4	756,5	762,5	768,5	774,6	780,6	786,6
70	284,5			668,5	688,5	705,9	720,5	727,3	734,0	740,7	747,5	754,4	760,6	766,8	773,0	778,9	784,9
81	294,4				676,9	696,7	712,6	720,2	727,6	734,9	741,5	748,5	754,9	761,3	767,8	774,6	781,3
90	301,9				665,9	688,0	705,4	713,3	721,1	728,7	735,8	742,9	749,6	756,3	763,0	770,1	778,1
101	310,3					677,2	696,7	705,2	713,6	721,8	728,4	735,0	742,1	748,8	756,1	763,5	774,4
120	323,1					665,9	688,5	697,6	707,1	715,5	723,4	730,9	738,1	745,0	751,8	758,1	765,1
126	326,8					654,0	681,3	691,3	701,4	710,3	718,5	726,6	733,8	740,7	747,4	754,2	761,0
140	335,0						665,0	678,0	690,0	700,5	709,8	718,5	727,0	735,0	743,0	750,6	758,5
161	346,2						655,0	669,0	682,0	692,5	701,0	708,7	718,5	728,0	737,0	744,3	751,2
201	364,5								650,4	667,2	681,3	693,5	705,2	716,1	725,3	734,3	742,9
225,05	374									648,0	662,5	675,7	690,0	702,0	713,0	723,5	733,2

(In den leeren Feldern links unten: **Krit. Druck**)

Teil 2 — Überhitzter Dampf bei °C (460–550)

Druck p kg/cm² absolut	Sattdampf Sättigungstemperatur °C	460	480	500	530	550
26	225,0	804,3	815,0	825,7	842,0	852,7
30	232,8	803,1	813,9	824,7	841,0	851,9
33	238,1	802,2	813,0	823,9	840,3	851,3
35	241,5	801,6	812,5	823,4	839,8	850,8
41	250,7	799,8	810,8	821,9	838,4	849,5
45	256,3	798,5	809,7	820,8	837,5	848,6
51	263,9	796,7	808,0	819,3	836,1	847,4
55	268,7	795,5	806,9	818,3	835,2	846,5
60	274,3	793,9	805,5	816,9	834,0	845,4
65	279,6	792,4	804,1	815,7	832,9	844,3
70	284,5	790,8	802,6	814,3	831,6	843,2
75	289,2	789,2	801,1	813,0	830,6	842,2
81	294,4	787,3	799,4	811,4	829,1	840,8
85	297,9	786,0	798,2	810,3	828,1	840,0
90	301,9	784,4	796,8	808,9	826,9	838,9
95	305,8	782,8	795,3	807,6	825,8	837,8
101	310,3	780,8	793,5	805,9	824,2	836,5
110	316,6	777,7	790,7	803,4	822,2	834,2
120	323,1	774,3	787,7	800,6	819,9	832,0
126	326,8	772,1	785,8	798,9	818,4	830,7
130	329,3	770,7	784,5	797,8	817,2	829,8
140	335,0	767,1	781,3	794,9	814,7	827,4
150	340,6	763,4	778,0	792,0	812,1	825,0
161	346,2	759,1	774,3	788,8	809,3	822,5
180	355,4	751,6	767,8	782,9	804,4	817,8
201	364,5	742,5	760,1	776,3	798,5	812,5

fett: Normendrücke

17. Rauminhalt von Wasserdampf in m³/kg nach VDI-Wasserdampftafeln 1937.

Druck p at absolut	Sättigungs-temperatur °C	Rauminhalt m³/kg	240	260	280	300	320	340	360	370	380	400	420	430	440	460	480	500
	Sattdampf		**Überhitzter Dampf bei °C**															
6	158,1	0,3213	0,393	0,410	0,426	0,443	0,459	0,475	0,491	0,500	0,508	0,524	0,540	0,548	0,556	0,572	0,588	0,604
7	164,2	0,2778	0,336	0,350	0,365	0,379	0,393	0,407	0,421	0,428	0,435	0,448	0,462	0,469	0,476	0,490	0,503	0,517
8	169,6	0,2448	0,293	0,305	0,318	0,331	0,343	0,355	0,367	0,374	0,380	0,392	0,404	0,410	0,416	0,428	0,440	0,452
9	174,5	0,2189	0,259	0,271	0,282	0,293	0,304	0,315	0,326	0,332	0,337	0,348	0,359	0,364	0,369	0,380	0,391	0,401
11	183,2	0,1808	0,210	0,220	0,229	0,239	0,248	0,257	0,266	0,270	0,275	0,284	0,293	0,297	0,302	0,310	0,319	0,328
12	187,1	0,1664	0,192	0,201	0,210	0,218	0,227	0,235	0,243	0,247	0,252	0,260	0,268	0,272	0,276	0,284	0,292	0,300
13	190,7	0,1541	0,176	0,185	0,193	0,201	0,209	0,216	0,224	0,228	0,232	0,239	0,247	0,251	0,255	0,262	0,270	0,277
14	194,1	0,1435	0,163	0,171	0,179	0,186	0,193	0,201	0,208	0,211	0,215	0,222	0,229	0,233	0,236	0,243	0,250	0,257
15	197,4	0,1343	0,152	0,159	0,166	0,173	0,180	0,187	0,194	0,197	0,200	0,207	0,214	0,217	0,220	0,227	0,233	0,240
16	200,4	0,1262	0,141	0,148	0,155	0,162	0,168	0,175	0,181	0,184	0,188	0,194	0,200	0,203	0,206	0,212	0,218	0,225
17	203,4	0,1190	0,133	0,139	0,146	0,152	0,158	0,164	0,170	0,173	0,176	0,182	0,188	0,191	0,194	0,200	0,205	0,211
18	206,2	0,1126	0,125	0,131	0,137	0,143	0,149	0,155	0,161	0,163	0,166	0,172	0,177	0,180	0,183	0,188	0,194	0,199
21	213,9	0,09682	0,105	0,111	0,116	0,122	0,127	0,132	0,137	0,139	0,142	0,147	0,151	0,154	0,156	0,161	0,166	0,170
22	216,2	0,09251	0,100	0,105	0,111	0,116	0,121	0,126	0,130	0,133	0,135	0,140	0,144	0,147	0,149	0,154	0,158	0,163
24	220,8	0,08492	0,091	0,096	0,101	0,106	0,110	0,115	0,119	0,121	0,123	0,128	0,132	0,134	0,136	0,140	0,145	0,149
26	225,0	0,07846	0,083	0,088	0,092	0,097	0,101	0,105	0,110	0,112	0,114	0,118	0,122	0,124	0,126	0,129	0,133	0,137
28	229,0	0,07288	0,076	0,081	0,085	0,089	0,093	0,097	0,101	0,103	0,105	0,109	0,113	0,114	0,116	0,120	0,124	0,127
30	232,8	0,06802	0,070	0,075	0,079	0,083	0,087	0,091	0,094	0,096	0,098	0,101	0,105	0,107	0,108	0,112	0,115	0,118
33	238,2	0,06179	0,062	0,067	0,071	0,075	0,078	0,082	0,085	0,087	0,088	0,092	0,095	0,097	0,098	0,101	0,104	0,107
35	241,5	0,05822	—	0,062	0,066	0,070	0,073	0,077	0,080	0,082	0,083	0,086	0,089	0,091	0,092	0,095	0,098	0,101
41	250,7	0,04950	—	0,051	0,055	0,059	0,062	0,065	0,068	0,069	0,070	0,073	0,076	0,077	0,078	0,081	0,083	0,086
45	256,3	0,04495	—	0,046	0,049	0,053	0,056	0,058	0,061	0,062	0,064	0,066	0,069	0,070	0,071	0,073	0,076	0,078
51	263,9	0,03940	—	—	0,042	0,045	0,048	0,051	0,053	0,054	0,056	0,058	0,060	0,061	0,062	0,064	0,067	0,069
60	274,3	0,03310	—	—	0,034	0,037	0,040	0,042	0,044	0,045	0,046	0,048	0,050	0,051	0,052	0,054	0,056	0,058
65	279,6	0,03033	—	—	—	0,034	0,036	0,038	0,040	0,041	0,042	0,045	0,046	0,047	0,048	0,050	0,052	0,053
70	284,5	0,02795	—	—	—	0,030	0,033	0,035	0,037	0,038	0,039	0,041	0,043	0,043	0,044	0,046	0,048	0,049
81	294,4	0,02370	—	—	—	0,024	0,028	0,030	0,031	0,032	0,033	0,035	0,037	0,037	0,038	0,040	0,041	0,042
90	301,9	0,02096	—	—	—	—	0,023	0,026	0,027	0,028	0,029	0,031	0,032	0,033	0,034	0,035	0,036	0,038
101	310,3	0,01823	—	—	—	—	0,020	0,022	0,024	0,025	0,026	0,027	0,028	0,029	0,030	0,031	0,032	0,033
120	323,1	0,01462	—	—	—	—	—	0,017	0,019	0,019	0,020	0,022	0,023	0,024	0,024	0,025	0,026	0,027
126	326,8	0,01369	—	—	—	—	—	0,016	0,018	0,018	0,019	0,021	0,022	0,022	0,023	0,024	0,025	0,026
140	335,0	0,01181	—	—	—	—	—	0,013	0,015	0,016	0,016	0,018	0,019	0,020	0,020	0,021	0,022	0,023
161	346,2	0,00952	—	—	—	—	—	—	0,012	0,012	0,013	0,015	0,016	0,016	0,017	0,018	0,019	0,020
201	364,5	0,00612	—	—	—	—	—	—	—	0,007	0,009	0,010	0,012	0,012	0,013	0,014	0,014	0,015
220	372,1	0,00449	—	—	—	—	—	—	—	—	0,007	0,009	0,010	0,010	0,011	0,012	0,013	0,013
225,05	**374**	**0,00396**	—	—	—	—	—	—	—	—	—	—	—	—	—	—	—	—

Krit. Druck

fett: Normendrücke

18. Festigkeitslehre.

a) Festigkeitszahlen metallischer und nichtmetallischer Werkstoffe.

Werkstoff	Norm-bezeichnung	DIN	Wichte kg/dm³	Wärme-dehnzahl α_t 10^6	Elastizitäts-modul $E=\frac{1}{\alpha}$ kg/cm²	Gleit-modul $G=\frac{1}{\beta}$ kg/cm²	Statische Festigkeit — Fließgrenze $\sigma_z F$ kg/mm²	Zugfestigkeit $\sigma_z B$ kg/mm²	Druckfestigkeit $\sigma_d B$ kg/mm²	Biegefestigkeit $\sigma_b B$ kg/mm²	Schwellfestigkeit — Zug σ_{uz} kg/mm²	Biegung σ_{ub} kg/mm²	Drehung τ_u kg/mm²	Wechselfestigkeit — Zug-Druck σ_{wz} kg/mm²	Biegung σ_{wb} kg/mm²	Drehung τ_w kg/mm²
α) Eisen und Stahl:																
Gußeisen	Ge 12.91	1691	7,2	9	1 000 000	400 000	—	12	—	—	—	—	—	—	5	—
Perlitguß	—	—	7,2	9	1 100 000	420 000	—	30	—	—	—	—	—	—	12	—
Perlitguß, legiert	—	—	7,2	9	1 100 000	420 000	—	35	—	—	—	—	—	—	14	—
Kohlenstoffstähle	St 37.11	1611	7,85	12	2 100 000	830 000	22	37	—	—	22	26	14	12	17	10
	St 42.11	1611	7,85	12	2 100 000	830 000	25	42	—	—	25	30	16	13,5	19	11
	St 50.11	1611	7,85	12	2 100 000	830 000	31	50	—	—	31	37	19	18	24	14
	St 60.11	1611	7,85	12	2 200 000	850 000	36	60	—	—	36	43	22	20	28	16
	St 70.11	1611	7,85	12	2 200 000	850 000	42	70	—	—	40	50	26	23	32	19
Baustahl	St 52	—	7,85	11,5	2 200 000	850 000	45	52	—	—	45	50	27	23	32	19
Leg. Vergütungsstähle	VCN 15 w	1662	7,9	11	2 200 000	850 000	56	80	—	—	50	58	34	26	36	22
	VCN 15 h	1662	7,9	11	2 200 000	850 000	62	83	—	—	50	56	37	27	36	21
	VCN 35 w	1662	7,9	11	2 200 000	850 000	92	115	—	—	60	76	53	35	46	28
	VCN 45	1662	7,9	11	2 200 000	850 000	—	180	—	—	—	—	—	—	—	—
Federstahl	—	—	7,9	12,5	2 200 000	850 000	≧110	52	—	—	—	—	—	—	—	—
β) Nichteisenmetalle:																
Kupfer, geglüht	Cu	1708	8,93	16	1 250 000	≈ E/2,6	8÷10	20÷24	—	—	—	—	—	—	7÷9	—
Messing	Ms 58	1709	8,4	17÷20	900 000	≈ E/2,6	16÷22	42÷45	—	—	—	—	—	—	—	—
Zinnbronze (Gußbr.)	GBz 10	1705	8,86	17	1 125 000	≈ E/2,6	20	20	—	—	—	—	—	—	3	—
Bleibronze	Pb-Bz 15	1716	9	18	900 000	≈ E/2,6	—	7÷8	—	—	—	—	—	—	—	—
Aluminium	Al 99,7	1712	2,7	22,5	700 000	270 000	2,5÷3,5	7÷11	—	—	—	—	—	—	—	—
Al-Leg., ausgeglüht	Al-Cu-Mg	1713	2,8	23	720 000	280 000	35	50	—	—	—	—	—	—	≧14	—
halbhart	Al-Mg	1713	2,6	24	660 000	260 000	27÷32	38÷45	—	—	—	—	—	—	13÷14	—
Sandguß	GAl-Si	1713	2,65	19	765 000	≈ E/2,6	8,5	17÷22	—	—	—	—	—	—	4,5	—
Mg. Legierung	GMg-Si	1717	1,83	25	440 000	170 000	10÷11	24÷27	75	33	—	—	—	—	8÷10	—
γ) Nichtmetalle:																
Preßstoffe, nicht-geschichtet	Type M	7701	1,8	15÷30	90 000÷160 000	—	—	2,5	12	7	—	—	—	—	—	—
Preßstoffe, geschichtet	Type T 3	7701	1,4	16÷30	40 000÷90 000	—	—	5	12	8	—	—	—	—	—	—
	Type Z 3	7701	1,4	16÷30	80 000÷130 000	—	—	8	16	12	—	—	—	—	—	—
Hartpapier	—	7701	1,4	10÷25	80 000÷110 000	—	—	12	15	14	—	—	—	—	—	—
Hartgewebe	—	7701	1,4	10÷25	70 000÷90 000	—	—	8	20	12	—	—	—	—	—	—

b) Zulässige Beanspruchungen in kg/cm² nach Bach für den Maschinenbau.

Art der Beanspruchung	Belastungsfall	Weicher Flußstahl¹)	Mittelharter Flußstahl²)	Stahlguß	Gußeisen	Kupferblech gewalzt
Zug	I³)	900÷1500	1200÷1800	600÷1200	300	600
	II	600÷1000	800÷1200	400÷800	200	300
	III	300÷500	400÷600	200÷400	100	—
Druck	I	900÷1500	1200÷1800	900÷1500	900	—
	II	600÷1000	800÷1200	600÷1000	600	—
Biegung	I	900÷1500	1200÷1800	750÷1200	4)	—
	II	600÷1000	800÷1200	500÷800	—	—
	III	300÷500	400÷600	250÷400	—	—
Schub	I	720÷1200	960÷1440	480÷960	300	—
	II	480÷800	640÷960	320÷640	200	—
	III	240÷400	320÷480	160÷320	100	—
Drehung	I	600÷1200	900÷1440	480÷960	5)	—
	II	400÷800	600÷960	320÷640	—	—
	III	200÷400	300÷480	160÷320	—	—

¹) Die höheren Werte sind nur bei ganz zuverlässigem Werkstoff und höherem C-Gehalt (0,25 vH) anzuwenden.
²) Die höheren Werte gelten für einwandfreien Stahl mit etwa 0,5 vH C.
³) Die zulässigen Beanspruchungen gelten unter I für ruhende Belastung, unter II für beliebig oft zwischen Null und einem gleichbleibenden Größtwert schwankende Belastung, unter III für beliebig oft zwischen einem gleich großen positiven und negativen Höchstwert stetig wechselnde Belastung.
⁴) Abhängig von Querschnittsform und Bearbeitung ($\sigma_{b\,zul} \sim 1{,}2$ bis $2{,}5\,\sigma_{z\,zul}$).
⁵) Abhängig von Querschnittsform ($0{,}8\,\tau_{zul}$ bis $1{,}6\,\sigma_{z\,zul}$).

Dritter Abschnitt: Werkstoffkunde.

1. Festigkeitseigenschaften von Gußeisen (nach DIN 1691).

Klasse	Markenbezeichnung	Zugfestigkeit mind. $\sigma_z B$ kg/mm²	Biegefestigkeit mind. $\sigma_b B$ kg/mm²	Durchbiegung mind. t mm	Verwendung
Gewöhnlicher Maschinenguß	Ge 12 · 91	12	—	—	Land-, Textil-, Hausmaschinen
Maschinenguß mit besonderen Gütevorschriften	Ge 14 · 91	14	28	7	Leichter ⎫ Ma-
	Ge 18 · 91	18	34	10	Mittlerer ⎬ schinen-
	Ge 22 · 91	22	40	10	Schwerer ⎭ guß
Hochwertiger Guß	Ge 26 · 91	26	46	10	—

2. Festigkeitseigenschaften der genormten Kohlenstoffstähle (nach DIN 1611).

Markenbezeichnung	Streckgrenze $\sigma_z F$ kg/mm²	Zugfestigkeit $\sigma_z B$ kg/mm²	Bruchdehnung mindestens δ_5 vH	δ_{10} vH	Eigenschaften
St 00 · 11	—	—	—	—	Weder kalt — noch rotbrüchig
St 34 · 11	19	34÷42	30	25	Einsetzbar, feuerschweißbar
St 37 · 11	19	37÷45	25	20	Übliche Thomas- oder SM-Güte
St 42 · 11	23	42÷50	25	20	Schwer feuerschweißbar
St 50 · 11	27	50÷60	22	18	Wenig härtbar, kaum feuerschweißbar
St 60 · 11	30	60÷70	17	14	Härtbar, vergütbar
St 70 · 11	35	70÷85	12	10	Hoch härtbar, vergütbar

Abdruck der Normenblätter des Deutschen Normenausschusses. Verbindlich für die vorstehenden Angaben bleiben die Dinormen. Normenblätter sind durch den Beuth-Vertrieb G. m. b. H., Berlin SW 68, Dresdener Str. 97, zu beziehen.

3. Festigkeitseigenschaften der Einsatz- und Vergütungsstähle (nach DIN 1661).

Markenbezeichnung	Güte-bezeichnung	Streckgrenze mindestens $\sigma_z F$ kg/mm²	Zug-festigkeit $\sigma_z B$ kg/mm²	Bruchdehnung mindestens δ_5 vH	δ_{10} vH
		a) Einsatzstähle.			
St C 10 · 61		21	~ 38	30	25
St C 16 · 61		23	~ 42	28	23
		b) Vergütungsstähle.			
St C 25 · 61	ausgeglüht	24	42—50	27	22
	vergütet	28	47—55	24	20
St C 35 · 61	ausgeglüht	28	50—60	23	19
	vergütet	33	55—65	22	18
St C 45 · 61	ausgeglüht	34	60—70	19	16
	vergütet	39	65—75	18	15
St C 60 · 61	ausgeglüht	40	70—85	15	13
	vergütet	45	75—90	14	12

4. Festigkeitseigenschaften von Nickel- und Chromnickelstahl für mechanisch hochbeanspruchte Teile (nach DIN 1662).

Marken-bezeichnung	Geglüht		Gehärtet bzw. vergütet				
	Brinellhärte höchstens H_n kg/mm²	Zug-festigkeit [1] höchstens kg/mm²	Streckgrenze mindestens $\sigma_z F$ in vH der Zugfestigkeit	Zug-festigkeit $\sigma_z B$ kg/mm²	Bruchdehnung		
					δ_5 vH	δ_{10} vH	
			a) Einsatzstähle.				
EN 15	162	55	65	60÷80 (Wasser)	20÷10	15÷8	
ECN 25	206	70	70 (Öl)	80÷100 (Öl)	20÷14 (Öl)	14÷10 (Öl)	
			75 (Wasser)	90÷110 (Wasser)	16÷10 (Wasser)	12÷7 (Wasser)	
ECN 35	220	75	75	90÷120 (Öl)	16÷9	12÷6	
ECN 45	240	83	75	120÷140 (Öl)	14÷7	10÷5	
			b) Vergütungsstähle.				
VCN 15 w	206	70	65	65÷ 75	24÷18	16÷13	
h	206	70	70	75÷ 85	22÷16	15÷12	
VCN 25 w	220	75	70	70÷ 85	20÷14	14÷10	
h	220	75	70	80÷ 95	16÷10	12÷ 8	
VCN 35 w	235	80	75	75÷ 90	20÷14	14÷10	
h	235	80	75	90÷105	16÷10	12÷ 8	

[1] Berechnet aus Brinellhärte × 0,34: maßgebend ist der Zugversuch.

Abdruck der Normenblätter des Deutschen Normenausschusses. Verbindlich für die vorstehenden Angaben bleiben die Dinormen. Normenblätter sind durch den Beuth-Vertrieb G. m. b. H., Berlin SW 68, Dresdener Str. 97, zu beziehen.

Velten, Mathem.-techn. Zahlentafeln. 10. Aufl.

5. Festigkeitseigenschaften von Stahlguß (nach DIN 1681).

Güteklasse	Streckgrenze mindestens $\sigma_z F$ kg/mm²	Zugfestigkeit mindestens $\sigma_z B$ kg/mm²	Bruchdehnung mindestens δ_5 vH	Kerbzähigkeit mindestens (nicht genormt) α_k mkg/cm²
		a) Normalgüte.		
Stg 38 · 81	—	38	20	
Stg 45 · 81	—	45	16	
Stg 52 · 81	—	52	12	bei $\sigma_z B \leqq 45$ $\alpha_k \geqq 6$
Stg 60 · 81	—	60	8	bei $\sigma_z B \leqq 45$ $\alpha_k \geqq 4$
		b) Sondergüte.		
Stg 38 · 81 S	18	38	25	
Stg 45 · 81 S	22	45	22	
Stg 52 · 81 S	25	52	16	

6. Festigkeitseigenschaften von Kupfer, Zinnbronze und Rotguß (nach DIN 1705 1 u. 2).

Gruppe	Benennung	Kurzzeichen	Zugfestigkeit mindestens $\sigma_z B$ kg/mm²	Dehnung mindestens δ_5 vH	Brinellhärte mindestens $H_{10/500/30}$ kg/mm²	Elastizitätsmodul $E = \dfrac{1}{\alpha}$ kg/mm²
—	Kupferbleche, hart gewalzt	—	bis 45	$\delta_{10} \sim 10$	—	12 500
Zinn-bronzen (Phosphor-bronzen)	Gußbronze 20	GBz 20	15	—	170	
	Gußbronze 14	GBz 14	20	3	85	
	Gußbronze 10	GBz 10	20	15	60	
Rotguß	Rotguß 10 (Maschinenbronze)	Rg 10	20	10	65	
	Rotguß 9	Rg 9	20	12	60	9000
	Rotguß 8	Rg 8	15	6	70	
	Rotguß 5	Rg 5	15	10	60	
	Rotguß 4 (Flanschenbronze)	Rg 4	20	20	50	
Sonder-bronzen	Bleizinnbronze 10	Bl-Bz 10	18	15	70	
	Bleizinnbronze 8	Bl-Bz 8	15	8	60	

7. Festigkeitseigenschaften einiger Aluminiumlegierungen (nach DIN 1713).

Kurzzeichen	Handelsmarken Beispiele	Zustand	Zugfestigkeit $\sigma_z B$ kg/mm²	Bruchdehnung δ_{10} vH	Verwendung bzw. Eigenschaft
		a) Knetlegierungen.			
Al-Cu-Mg	Duralumin	weich	16÷22	25÷15	Für mechanisch sehr hochbean-
	Bondur	ausgehärtet	34÷52	24÷ 8	spruchte Teile.
	Heddur, Silal	ausgehärtet und kalt verformt	42÷58	15÷ 5	
Al-Cu-Ni	Duralumin W	weich	16÷22	25÷15	Für hochbeanspruchte, warmfeste
	Leg. Y	ausgehärtet	33÷42	20÷ 8	Schmiedestücke.
Al-Mg-Mn	KS-See-wasser	weich	16÷24	25÷1,5	Hohe Seewasserbeständigkeit.
		hart	24÷38	5÷2	
		b) Gußlegierungen.			
G Al-Zn-Cu	Deutsche Legierung	'Sandguß	12÷18	4÷0,5	Für Gußstücke aller Art, auch für
		Kokillenguß	12÷20	3÷0,5	wechselnde Belastung.
G Al-Cu	Amerikan. Legierung	Sandguß	12÷18	4÷0,5	Für Gußstücke mit guter Wärme-
		Kokillenguß	12÷20	3÷0,5	beständigkeit.
G Al-Cu-Ni	Y-Legierung	Kokillenguß	19÷21	1÷0,5	Für hochbeanspruchte warmfeste
		Kokillenguß ausgehärtet	26÷34	1÷0,5	Gußteile.
G Al-Si	Silumin	Sandguß	17÷22	8÷4	Für verwickelte stoßfeste Gußstücke.
		Kokillenguß	18÷26	5÷3	
G Al-Si-Cu	Kupfer-Silumin	Sandguß	17÷22	5÷2	Für verwickelte schwingungsfeste
		Kokillenguß	18÷22	3÷2	Gußstücke.
G Al-Mg (a)	KS-See-wasser L 15	Kokillenguß	15÷19	8÷3	Chemisch sehr beständig.
		Kokillenguß ausgehärtet	26÷33	15÷8	Ausgehärtet für Teile hoher Festigkeit.

8. Festigkeitseigenschaften einiger Magnesiumlegierungen (nach DIN 1717).

Kurzzeichen	Handelsmarke Beispiele	Zustand	Zugfestigkeit $\sigma_z B$ kg/mm²	Bruchdehnung δ_{10} vH	Härte H kg/mm²	Verwendung und Eigenschaft
		a) Knetlegierungen.				
Mg-Al 3		gepreßt oder geschmiedet	24÷29	8 ÷18	55÷60	Schmiedestücke mit hohen Rippen, Ätzplatten, kleine Preßteile, Plaketten.
Mg-Al 6	Elektron, Magnewin	gepreßt oder geschmiedet	27÷33	10 ÷16	60÷65	Stangen, Rohre, Profile, Schmiedestücke.
Mg-Al 9		gepreßt oder geschmiedet	28÷37	6 ÷12	70÷80	Hochbeanspruchte Teile, z. B. Motorträger, Luftschrauben.
		ausgehärtet	36÷43	2 ÷ 6	85÷95	
Mg-Zn		gepreßt oder geschmiedet	24÷28	14 ÷18	50÷60	Leicht verformbare Legierung, z. B. Bürobedarf.
Mg-Mn		gepreßt oder geschmiedet	19÷20	1,5÷ 5	40÷50	Korrosionsbeständig, gut schweißbar, Bleche, Armaturen
		b) Gußlegierungen.				
G Mg-Al		Sandguß	16÷20	3 ÷ 6	50÷60	Dauerbeanspruchte Gußteile, z. B. Flugmotorengehäuse.
		Sandguß, ausgehärtet	24÷29	1 ÷ 5	70÷90	
		Kokillenguß	16÷24	2 ÷ 8	55÷65	
G Mg-Al 3-Zn	Elektron	Sandguß	14÷20	3 ÷10	40÷60	Gas- und flüssigkeitsdichte Gußteile, z. B. Armaturen, Getriebegehäuse.
G Mg-Al 4-Zn		Sandguß				
G Mg-Al 6-Zn		Sandguß				
G Mg-Mn		Sandguß	8÷11	2 ÷ 5	35÷40	Korrosionsbeständig, gut schweißbar, Armaturen.
G Mg-Si		Sandguß	9÷13	1 ÷ 4	40÷45	Gas- und flüssigkeitsdichte Gußteile, gut schweißbar, Armatur., Öldruckleitungen.

4*

9. Internationale Atomgewichte[1]).

Aluminium	Al	27	Molybdän	Mo	96
Antimon	Sb	120	Natrium	Na	23
Arsen	As	75	Nickel	Ni	59
Barium	Ba	137	Osmium	Os	191
Blei	Pb	207	Phosphor	P	31
Bor	B	11	Platin	Pt	195
Brom	Br	80	Quecksilber	Hg	200
Calcium	Ca	40	Radium	Ra	226
Cerium	Ce	140	Sauerstoff	O	16
Chlor	Cl	35,5	Schwefel	S	32
Chrom	Cr	52	Selen	Se	79
Eisen	Fe	56	Silber	Ag	108
Fluor	Fl	19	Silicium	Si	28
Gold	Au	197	Stickstoff	N	14
Helium	He	4	Strontium	Sr	87,5
Iridium	Ir	193	Tantal	Ta	181
Jod	J	127	Titan	Ti	48
Kalium	K	39	Vanadin	V	51
Kobalt	Co	59	Wasserstoff	H	1
Kohlenstoff	C	12	Wismut	Bi	208
Kupfer	Cu	63,5	Wolfram	W	184
Magnesium	Mg	24	Zink	Zn	65
Mangan	Mn	55	Zinn	Sn	119

10. Wichte in kg/dm³.

a) Metalle und Legierungen.

Aluminium, rein	2,7	Kupfer:	
Antimon	6,7	gegossen	8,6÷8,9
Arsen	5,7	gewalzt	8,9
Blei, gegossen	11,4	Draht, hart	9,0
Bronze (je nach Zinngehalt)	8,8	Magnesium	1,72
Chrom	6,9	Mangan	7,3
Deltametall	8,6	Messing	8.5
Eisen:		Molybdän	9÷10
Roheisen, grau	6.7÷7,7	Nickel, gezogen	8,35÷8,9
Roheisen, weiß	7,0÷7,8	Platin, gewalzt	21,4
Gußeisen	7,25	Quecksilber	13,6
Stahlformguß	7,85	Vanadin	5,5
Flußstahl	7,86	Weißmetall (Lagermetall)	7,5÷10,0
Schweißstahl	7.8	Wismut, gegossen	9,82
Tiegelstahl	7,85	Wolfram	19,1
Schnellstahl	8,1÷9,0	Zink:	
Eisendraht	7,8	gegossen	6,9
Stahldraht	7,85	gewalzt	7,2
Kobalt	8.9	Zinn, gegossen	7,2

---

[1]) Abgerundet.

b) Flüssigkeiten bei 15° C.

Äther (Schwefeläther) .	0,73	Salpetersäure — rohe mit	
Alkohol	0,79	etwa 70 vH HNO_3 . .	1,42
Benzin	0,72÷0,78	Salzsäure mit etwa 20 vH	
Benzol	0,875	HCl	1,1
Glyzerin	1,26	Schwefelsäure — rohe mit	
Leinöl	0,94	etwa 66 vH H_2SO_4 . .	1,6
Mineralöle:		Spiritus — 90 Raum-	
Spindelöle	0,90	Hundertstel	0,83
Maschinenöle	0,91	Steinkohlenteer	1,2
Eisenbahnachsenöle . .	0,92	Teeröl	1,1
Zylinderöle	0,93	Terpentinöl	0,86
Petroleum (Leuchtöl) . .	0,76÷0,86		

c) Gase bei 0° und 760 mm Barometerstand.
Wichte in g/dm^3.

Methan (Grubengase) . .	0,717	Stadtgas (Normgas) . .	0,549
Helium	0,179	Luftgas:	
Leuchtgas	0,49÷0,53	trocken	1,293
		mittelfeucht	1,291

11. Mittlere Raumgewichte in kg/m³ (nach DIN 1055₁).

Berechnungsgewichte.

a) Brennstoffe.

Braunkohle	700
Braunkohlenbriketts, geschüttet	800
Braunkohlenbriketts, gestapelt .	1300
Brennholz, gehackt	400
Koks	500
Steinkohle, Staubkohle	700
Steinkohle, alle anderen Arten	850
Torf, gestochen und getrocknet	600

b) Verschiedene Lagerstoffe.

Aktengerüste, Bücherschränke .	600
Akten, Bücher, geschichtet . .	850
Asche und Schlacke	900
Eis	900
Hausmüll	660
Kaffee	700
Kalk, in Säcken	1000
Mehl, in Säcken	500
Papier, geschichtet	1100
Salz	1200
Torf, lose, Torfmull	250
Torf, gepreßt	300
Wolle, Baumwolle, gepreßt . .	1300
Zement, lose	1200
Zement, in Säcken	1600
Zucker	750

c) Baustoffe.

Sand und Kies. erdfeucht . . .	1800
Sand und Kies, naß	2000
Steinschotter, scharfkantig . .	1800
Lehm und Ton	2100
Ziegelmauerwerk	1800
Schwemmsteinmauerwerk . . .	1100
Bimsbeton	1600
Kiesbeton	2200
Eisenbeton	2400

d) Bauhölzer.

Laubhölzer, trocken	800
Nadelhölzer, trocken	600
bei Feuchtigkeitszutritt:	
Zuschlag:	50

e) Landwirtschaftliche Schüttgüter.

Getreide, Hülsenfrüchte . . .	750
Getreidegarben bis 4 m Packhöhe	100
Getreidegarben üb. 4 m Packhöhe	150
Gras und Klee	350
Heu bis 3 m Packhöhe	70
Heu, gepreßt	170
Kartoffeln	750
Obst	350
Stroh, lose	45
Stroh, gepreßt	170

12. Angaben über Formstähle (Profile).

a) Gleichschenklige Winkelstähle (DIN 1028).

Regellängen = 3 bis einschl. 15 m.

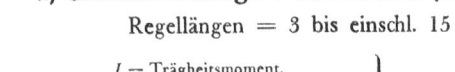

J = Trägheitsmoment.
W = Widerstandsmoment.

$i = \sqrt{\dfrac{J}{F}}$ = Trägheitshalbmesser

bezogen auf die zugehörige Biegungsachse.

Bezeichnungsweise: ∟ 80·80·12.

Abmessungen in mm				Querschnitt F	Gewicht G	Abstände für die Achsen in cm			Für die Biegungsachse							
									$x-x=y-y$			$\xi-\xi$		$\eta-\eta$		
b	d	r	r_1	cm²	kg/m	e	w	v	J_x cm⁴	W_x cm³	i_x cm	J_ξ cm⁴	i_ξ cm	J_η cm⁴	W_η cm³	i_η cm
15	3	3,5	2	0,82	0,64	0,48	1,06	0,67	0,15	0,15	0,43	0,24	0,54	0,06	0,09	0,27
	4			1,05	0,82	0,51		0,73	0,19	0,19	0,42	0,29	0,53	0,08	0,11	0,28
20	3	3,5	2	1,12	0,88	0,60	1,41	0,85	0,39	0,28	0,59	0,62	0,74	0,15	0,18	0,37
	4			1,45	1,14	0,64		0,90	0,48	0,35	0,58	0,77	0,73	0,19	0,21	0,36
25	3	3,5	2	1,42	1,12	0,73	1,77	1,03	0,79	0,45	0,75	1,27	0,95	0,31	0,30	0,47
	4			1,85	1,45	0,76		1,08	1,01	0,58	0,74	1,61	0,93	0,40	0,37	0,47
	5			2,26	1,77	0,80		1,13	1,18	0,69	0,72	1,87	0,91	0,50	0,44	0,47
30	3	5	2,5	1,74	1,36	0,84	2,12	1,18	1,41	0,65	0,90	2,24	1,14	0,57	0,48	0,57
	4			2,27	1,78	0,89		1,24	1,81	0,86	0,89	2,85	1,12	0,76	0,61	0,58
	5			2,78	2,18	0,92		1,30	2,16	1,04	0,88	3,41	1,11	0,91	0,70	0,57
35	4	5	2,5	2,67	2,10	1,00	2,47	1,41	2,96	1,18	1,05	4,68	1,33	1,24	0,88	0,68
	6			3,87	3,04	1,08		1,53	4,14	1,71	1,04	6,50	1,30	1,77	1,16	0,68
40	4	6	3	3,08	2,42	1,12	2,83	1,58	4,48	1,56	1,21	7,09	1,52	1,86	1,18	0,78
	5			3,79	2,97	1,16		1,64	5,43	1,91	1,20	8,64	1,51	2,22	1,35	0,77
	6			4,48	3,52	1,20		1,70	6,33	2,26	1,19	9,98	1,49	2,67	1,57	0,77
45	5	7	3,5	4,30	3,38	1,28	3,18	1,81	7,83	2,43	1,35	12,4	1,70	3,25	1,80	0,87
	7			5,86	4,60	1,36		1,92	10,4	3,31	1,33	16,4	1,67	4,39	2,29	0,87
50	5	7	3,5	4,80	3,77	1,40	3,54	1,98	11,0	3,05	1,51	17,4	1,90	4,59	2,32	0,98
	6			5,69	4,47	1,45		2,04	12,8	3,61	1,50	20,4	1,89	5,24	2,57	0,96
	7			6,56	5,15	1,49		2,11	14,6	4,15	1,49	23,1	1,88	6,02	2,85	0,96
	9			8,24	6,47	1,56		2,21	17,9	5,20	1,47	28,1	1,85	7,67	3,47	0,97
55	6	8	4	6,31	4,95	1,56	3,89	2,21	17,3	4,40	1,66	27,4	2,08	7,24	3,28	1,07
	8			8,23	6,46	1,64		2,32	22,1	5,72	1,64	34,8	2,06	9,35	4,03	1,07
	10			10,1	7,90	1,72		2,43	26,3	6,97	1,62	41,4	2,02	11,3	4,65	1,06
60	6	8	4	6,91	5,42	1,69	4,24	2,39	22,8	5,29	1,82	36,1	2,29	9,43	3,95	1,17
	8			9,03	7,09	1,77		2,50	29,1	6,88	1,80	46,1	2,26	12,1	4,84	1,16
	10			11,1	8,69	1,85		2,62	34,9	8,41	1,78	55,1	2,23	14,6	5,57	1,15
65	7	9	4,5	8,70	6,83	1,85	4,60	2,62	33,4	7,18	1,96	53,0	2,47	13,8	5,27	1,26
	9			11,0	8,62	1,93		2,73	41,3	9,04	1,94	65,4	2,44	17,2	6,30	1,25
	11			13,2	10,3	2,00		2,83	48,8	10,8	1,91	76,8	2,42	20,7	7,31	1,25

Abdruck der Normenblätter des Deutschen Normenausschusses. Verbindlich für die vorstehenden Angaben bleiben die Dinormen. Normenblätter sind durch den Beuth-Vertrieb G. m. b. H., Berlin SW 68, Dresdener Str. 97, zu beziehen.

Abmessungen in mm				Querschnitt F	Gewicht G	Abstände für die Achsen in cm			J_x	W_x	i_x	J_ξ	i_ξ	J_η	W_η	i_η
b	d	r	r_1	cm²	kg/m	e	w	v	cm⁴	cm³	cm	cm⁴	cm	cm⁴	cm³	cm
70	7	9	4,5	9,40	7,38	1,97		2,79	42,4	8,43	2,12	67,1	2,67	17,6	6,31	1,37
	9			11,9	9,34	2,05	4,95	2,90	52,6	10,6	2,10	83,1	2,64	22,0	7,59	1,36
	11			14,3	11,2	2,13		3,01	61,8	12,7	2,08	97,6	2,61	26,0	8,64	1,35
75	7	10	5	10,1	7,94	2,09		2,95	52,4	9,67	2,28	83,6	2,88	21,1	7,15	1,45
	8			11,5	9,03	2,13		3,01	58,9	11,0	2,26	93,3	2,85	24,4	8,11	1,46
	10			14,1	11,1	2,21	5,30	3,12	71,4	13,5	2,25	113	2,83	29,8	9,55	1,45
	12			16,7	13,1	2,29		3,24	82,4	15,8	2,22	130	2,79	34,7	10,7	1,44
80	8	10	5	12,3	9,66	2,26		3,20	72,3	12,6	2,42	115	3,06	29,6	9,25	1,55
	10			15,1	11,9	2,34		3,31	87,5	15,5	2,41	139	3,03	35,9	10,9	1,54
	12			17,9	14,1	2,41	5,66	3,41	102	18,2	2,39	161	3,00	43,0	12,6	1,53
	14			20,6	16,1	2,48		3,51	115	20,8	2,36	181	2,96	48,6	13,9	1,54
90	9	11	5,5	15,5	12,2	2,54		3,59	116	18,0	2,74	184	3,45	47,8	13,3	1,76
	11			18,7	14,7	2,62	6,36	3,70	138	21,6	2,72	218	3,41	57,1	15,4	1,75
	13			22,8	17,1	2,70		3,81	158	25,1	2,69	250	3,39	65,9	17,3	1,74
	16			26,4	20,7	2,81		3,97	186	30,1	2,66	294	3,34	79,1	19,9	1,73
100	10	12	6	19,2	15,1	2,82		3,99	177	24,7	3,04	280	3,82	73,3	18,4	1,95
	12			22,7	17,8	2,90	7,07	4,10	207	29,2	3,02	328	3,80	86,2	21,0	1,95
	14			26,2	20,6	2,98		4,21	235	33,5	3,00	372	3,77	98,3	23,4	1,94
	20			36,2	28,4	3,20		4,54	311	45,8	2,93	488	3,67	134	29,5	1,93
110	10	12	6	21,2	16,6	3,07		4,34	239	30,1	3,36	379	4,23	98,6	22,7	2,16
	12			25,1	19,7	3,15	7,78	4,45	280	35,7	3,34	444	4,21	116	26,1	2,15
	14½			29,0	22,8	3,21		4,54	319	41,0	3,32	505	4,18	133	29,3	2,14
120	11	13	6,5	25,4	19,9	3,36		4,75	341	39,5	3,66	541	4,62	140	29,5	2,35
	13			29,7	23,3	3,44		4,86	394	46,0	3,64	625	4,59	162	33,3	2,34
	15			33,9	26,6	3,51	8,49	4,96	446	52,5	3,63	705	4,56	186	37,5	2,34
	20			44,2	34,7	3,70		5,24	562	67,7	3,57	887	4,48	236	45,0	2,31
130	12	14	7	30,0	23,6	3,64		5,15	472	50,4	3,97	750	5,00	194	37,7	2,54
	14			34,7	27,2	3,72	9,19	5,26	540	58,2	3,94	857	4,97	223	42,4	2,53
	16			39,3	30,9	3,80		5,37	605	65,8	3,92	959	4,94	251	46,7	2,52
140	13	15	7,5	35,0	27,5	3,92		5,54	638	63,3	4,27	1010	5,38	262	47,3	2,74
	15			40,0	31,4	4,00	9,90	5,66	723	72,3	4,25	1150	5,36	298	52,7	2,73
	17			45,0	35,3	4,08		5,77	805	81,2	4,23	1280	5,33	334	57,9	2,72
150	14	16	8	40,3	31,6	4,21		5,95	845	78,2	4,58	1340	5,77	347	58,3	2,94
	16			45,7	35,9	4,29	10,6	6,07	949	88,7	4,56	1510	5,74	391	64,4	2,93
	18			51,0	40,1	4,36		6,17	1050	99,3	4,54	1670	5,70	438	71,0	2,93
160	15	17	8,5	46,1	36,2	4,49		6,35	1100	95,6	4,88	1750	6,15	453	71,3	3,14
	17			51,8	40,7	4,57	11,3	6,46	1230	108	4,86	1950	6,13	506	78,3	3,13
	19			57,5	45,1	4,65		6,58	1350	118	4,84	2140	6,10	558	84,8	3,12
180	16	18	9	55,4	43,5	5,02		7,11	1680	130	5,51	2690	6,96	679	95,5	3,50
	18			61,9	48,6	5,10	12,7	7,22	1870	145	5,49	2970	6,93	757	105	3,49
	20			68,4	53,7	5,18		7,33	2040	160	5,47	3260	6,90	830	113	3,49
200	16	18	9	61,8	48,5	5,52		7,80	2340	162	6,15	3740	7,78	943	121	3,91
	18			69,1	54,3	5,60	14,1	7,92	2600	181	6,13	4150	7,75	1050	133	3,90
	20			76,4	59,9	5,68		8,04	2850	199	6,11	4540	7,72	1160	144	3,80

Für die Biegungsachse: $x - x = y - y$, $\xi - \xi$, $\eta - \eta$

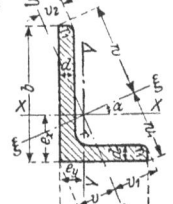

J = Trägheitsmoment
W = Widerstandsmoment
$i = \sqrt{\dfrac{J}{F}}$ = Trägheitshalbmesser

b) Ungleichschenklige

Regellängen = 3

bezogen auf die zugehörige Biegungsachse.

Abmessungen mm					Quer-schnitt	Ge-wicht	Abstände von den Achsen cm							Lage der Achse
a	b	d	r	r_1	F cm²	G kg/m	e_x	e_y	w	w_1	v	v_1	v_2	$\dfrac{\eta - \eta}{tg\,\alpha}$
20	30	3	3,5	2	1,42	1,11	0,99	0,50	2,04	1,51	0,86	1,04	0,56	0,431
		4			1,85	1,45	1,03	0,54	2,02	1,52	0,91	1,03	0,58	0,423
		5			2,26	1,77	1,07	0,58	2,00	1,53	0,95	1,03	0,60	0,412
20	40	3	3,5	2	1,72	1,35	1,43	0,44	2,61	1,77	0,79	1,19	0,46	0,259
		4			2,25	1,77	1,47	0,48	2,57	1,80	0,83	1,18	0,50	0,252
30	45	3	4,5	2	2,19	1,72	1,43	0,70	3,09	2,24	1,22	1,58	0,81	0,441
		4			2,87	2,25	1,48	0,74	3,07	2,26	1,27	1,58	0,83	0,436
		5			3,53	2,77	1,52	0,78	3,05	2,27	1,32	1,58	0,85	0,430
30	60	5	6	3	4,29	3,37	2,15	0,68	3,90	2,67	1,20	1,77	0,72	0,256
		7			5,85	4,59	2,24	0,76	3,83	2,72	1,28	1,73	0,78	0,248
40	50	3	4	2	2,63	2,06	1,48	0,99	3,50	2,85	1,62	1,87	1,22	0,632
		4			3,46	2,71	1,52	1,03	3,50	2,85	1,67	1,84	1,26	0,629
		5			4,27	3,35	1,56	1,07	3,49	2,88	1,73	1,84	1,27	0,625
40	60	5	6	3	4,79	3,76	1,96	0,97	4,08	3,01	1,68	2,09	1,10	0,437
		6			5,68	4,46	2,00	1,01	4,06	3,02	1,72	2,08	1,12	0,433
		7			6,55	5,14	2,04	1,05	4,04	3,03	1,77	2,07	1,14	0,429
40	80	4	7	3,5	4,69	3,68	2,76	0,80	5,25	3,51	1,48	2,44	0,85	0,265
		6			6,89	5,41	2,85	0,88	5,21	3,53	1,55	2,42	0,89	0,259
		8			9,01	7,07	2,94	0,95	5,15	3,57	1,65	2,38	1,04	0,253
50	65	5	6,5	3,5	5,54	4,35	1,99	1,25	4,52	3,61	2,08	2,38	1,50	0,583
		7			7,60	5,97	2,07	1,33	4,50	3,62	2,19	2,37	1,52	0,574
		9			9,58	7,52	2,15	1,41	4,48	3,63	2,28	2,36	1,57	0,567
50	100	6	9	4,5	8,73	6,85	3,49	1,04	6,50	4,39	1,91	2,98	1,15	0,263
		8			11,5	8,99	3,59	1,13	6,48	4,44	2,00	2,95	1,18	0,258
		10			14,1	11,1	3,67	1,20	6,43	4,49	2,08	2,91	1,22	0,252
55	75	5	7	3,5	6,30	4,95	2,31	1,33	5,19	4,00	2,27	2,71	1,58	0,530
		7			8,66	6,80	2,40	1,41	5,16	4,02	2,37	2,70	1,62	0,525
		9			10,9	8,59	2,47	1,48	5,14	4,04	2,46	2,70	1,66	0,518
60	90	6	7	3,5	8,69	6,82	2,89	1,41	6,14	4,50	2,46	3,16	1,60	0,442
		8			11,4	8,96	2,97	1,49	6,11	4,54	2,56	3,15	1,69	0,437
		10			14,1	11,0	3,05	1,56	6,08	4,57	2,66	3,14	1,74	0,431
65	75	6	8	4	8,11	6,37	2,19	1,70	5,28	4,60	2,68	2,75	2,11	0,740
		8			10,6	8,34	2,28	1,78	5,26	4,62	2,79	2,78	2,14	0,736
		10			13,1	10,3	2,35	1,86	5,23	4,64	2,89	2,79	2,20	0,732
65	80	6	8	4	8,41	6,60	2,39	1,65	5,61	4,63	2,69	2,94	2,01	0,649
		8			11,0	8,66	2,47	1,73	5,59	4,65	2,79	2,94	2,05	0,645
		10			13,6	10,7	2,55	1,81	5,56	4,68	2,90	2,95	2,11	0,640
		12			16,0	12,6	2,63	1,88	5,54	4,70	3,00	2,98	2,15	0,634

Abdruck der Normenblätter des Deutschen Normenausschusses. Verbindlich für die vorstehenden Angaben bleiben die Dinormen. Normenblätter sind durch den Beuth-Vertrieb G. m. b. H., Berlin SW 68, Dresdener Str. 97, zu beziehen.

Winkelstähle (DIN 1029).
bis einschl. 15 m.

Bezeichnungsweise: ∟ 120. 80. 12.

| Für die Biegungsachse | | | | | | | | | | Abmessungen mm | | |
| $x - x$ | | | $y - y$ | | | $\xi - \xi$ | | $\eta - \eta$ | | | | |
J_x cm⁴	W_x cm³	i_x cm	J_y cm⁴	W_y cm³	i_y cm	J_ξ cm⁴	i_ξ cm	J_η cm⁴	i_η cm	d	b	a
1,25	0,62	0,94	0,44	0,29	0,56	1,43	1,00	0,25	0,42	3		
1,59	0,81	0,93	0,55	0,38	0,55	1,81	0,99	0,33	0,42	4	30	20
1,90	0,99	0,92	0,66	0,46	0,54	2,15	0,98	0,40	0,42	5		
2,79	1,08	1,27	0,47	0,30	0,52	2,96	1,31	0,30	0,42	3	40	20
3,59	1,42	1,26	0,60	0,39	0,52	3,79	1,30	0,39	0,42	4		
4,48	1,46	1,43	1,60	0,70	0,86	5,17	1,54	0,91	0,64	3		
5,78	1,91	1,42	2,05	0,91	0,85	6,65	1,52	1,18	0,64	4	45	30
6,99	2,35	1,41	2,47	1,11	0,84	8,02	1,51	1,44	0,64	5		
15,6	4,04	1,90	2,60	1,12	0,78	16,5	1,96	1,69	0,63	5	60	30
20,7	5,50	1,88	3,41	1,52	0,76	21,8	1,93	2,28	0,62	7		
6,58	1,87	1,58	3,76	1,25	1,20	8,46	1,79	1,89	0,85	3		
8,54	2,47	1,57	4,86	1,64	1,19	10,9	1,78	2,46	0,84	4	50	40
10,4	3,02	1,56	5,89	2,01	1,18	13,3	1,76	3,02	0,84	5		
17,2	4,25	1,89	6,11	2,02	1,13	19,8	2,03	3,50	0,86	5		
20,1	5,03	1,88	7,12	2,38	1,12	23,1	2,02	4,12	0,85	6	60	40
23,0	5,79	1,87	8,07	2,74	1,11	26,3	2,00	4,73	0,85	7		
31,1	5,93	2,57	5,32	1,66	1,07	33,0	2,65	3,38	0,85	4		
44,9	8,73	2,55	7,59	2,44	1,05	47,6	2,63	4,90	0,84	6	80	40
57,6	11,4	2,53	9,68	3,18	1,04	60,9	2,60	6,41	0,84	8		
23,1	5,11	2,04	11,9	3,18	1,47	28,8	2,28	6,21	1,06	5		
31,0	6,99	2,02	15,8	4,31	1,44	38,4	2,25	8,37	1,05	7	65	50
38,2	8,77	2,00	19,4	5,39	1,42	47,0	2.22	10,5	1,05	9		
89,7	13,8	3,20	15,3	3,86	1,32	95,2	3,30	9,78	1,06	6		
116	18,0	3,18	19,5	5,04	1,31	123	3,28	12,6	1,05	8	100	50
141	22,2	3,16	23,4	6,17	1,29	149	3,25	15,5	1,04	10		
35,5	6,84	2,37	15,2	3,89	1,60	43,1	2,61	8,68	1,17	5		
47,9	9,39	2,35	21,8	5,32	1,59	57,9	2,59	11,8	1,17	7	75	55
59,4	11,8	2,33	26,8	6,66	1,57	71,3	2,55	14,8	1,16	9		
71,7	11,7	2,87	25,8	5,61	1,72	82,8	3,09	14,6	1,30	6		
92,5	15,4	2,85	33,0	7,31	1,70	107	3,06	19,0	1,29	8	90	60
112	18,8	2,82	39,6	8,92	1,68	129	3,02	23,1	1,28	10		
44,0	8,30	2,33	30,7	6,39	1,94	60,2	2,73	14,4	1,34	6		
56,7	10,9	2,31	39,4	8,34	1,92	77,3	2,70	18,8	1,33	8	75	65
68,4	13,3	2,29	47,3	10,2	1,90	92,7	2,66	23,0	1,33	10		
52,8	9,41	2,51	31,2	6,44	1,93	68,5	2,85	15,6	1,36	6		
68,1	12,3	2,49	40,1	8,41	1,91	88,0	2,82	20,3	1,36	8	80	65
82,2	15,1	2,46	48,3	10,3	1,89	106	2,79	24,8	1,35	10		
95,4	17,8	2,44	55,8	12,1	1,87	122	2,76	29,2	1,35	12		

a	b	d	r	r_1	F cm²	G kg/m	e_x	e_y	w	w_1	v	v_1	v_2	tg α
65	100	7	10	5	11,2	8,77	3,23	1,51	6,83	4,91	2,66	3,48	1,73	0,419
		9			14,2	11,1	3,32	1,59	6,78	4,94	2,76	3,46	1,78	0,415
		11			17,1	13,4	3,40	1,67	6,74	4,97	2,85	3,45	1,83	0,410
65	115	6	8	4	10,5	8,25	3,85	1,38	7,70	5,26	2,52	3,74	1,52	0,327
		8			13,8	10,9	3,94	1,46	7,63	5,30	2,61	3,73	1,59	0,324
		10			17,1	13,4	4,02	1,54	7,57	5,34	2,70	3,72	1,68	0,321
65	130	8	11	5,5	15,1	11,9	4,56	1,37	8,50	5,71	2,49	3,86	1,47	0,263
		10			18,6	14,6	4,65	1,45	8,43	5,76	2,58	3,82	1,54	0,259
		12			22,1	17,3	4,74	1,53	8,37	5,81	2,66	3,80	1,60	0,255
75	90	7	8,5	4,5	11,1	8,74	2,67	1,93	6,32	5,33	3,11	3,32	2,38	0,683
		9			14,1	11,1	2,76	2,01	6,30	5,35	3,22	3,34	2,41	0,679
		11			17,0	13,4	2,83	2,09	6,28	5,37	3,33	3,35	2,45	0,675
75	100	7	10	5	11,9	9,32	3,06	1,83	6,96	5,42	3,10	3,61	2,18	0,553
		9			15,1	11,8	3,15	1,91	6,91	5,45	3,22	3,63	2,22	0,549
		11			18,2	14,3	3,23	1,99	6,87	5,49	3,32	3,65	2,27	0,545
75	130	8	10,5	5,5	15,9	12,5	4,36	1,65	8,73	6,01	2,99	4,26	1,83	0,339
		10			19,6	15,4	4,45	1,73	8,66	6,05	3,08	4,24	1,88	0,336
		12			23,3	18,3	4,53	1,81	8,61	6,09	3,18	4,21	1,95	0,332
75	150	9	10,5	5,5	19,5	15,3	5,28	1,57	9,79	6,62	2,90	4,46	1,72	0,265
		11			23,6	18,6	5,37	1,65	9,73	6,66	2,97	4,44	1,77	0,261
		13			27,7	21,7	5,45	1,73	9,67	6,70	3,04	4,42	1,85	0,258
75	170	10	11,5	5,5	23,7	18,6	6,21	1,52	10,9	7,33	2,81	4,62	1,81	0,214
		12			28,1	22,1	6,30	1,60	10,8	7,38	2,89	4,59	1,75	0,210
		14			32,5	25,5	6,39	1,68	10,7	7,44	2,96	4,56	1,70	0,207
		16			36,8	28,9	6,47	1,76	10,7	7,48	3,03	4,54	1,65	0,204
80	120	8	11	5,5	15,5	12,2	3,83	1,87	8,23	5,99	3,27	4,20	2,16	0,441
		10			19,1	15,0	3,92	1,95	8,18	6,03	3,37	4,19	2,19	0,438
		12			22,7	17,8	4,00	2,03	8,14	6,06	3,46	4,18	2,25	0,433
		14			26,2	20,5	4,08	2,10	8,10	6,08	3,55	4,17	2,29	0,429
90	110	9	12	6	17,3	13,6	3,30	2,32	7,72	6,41	3,74	4,06	2,79	0,652
		11			20,9	16,4	3,38	2,40	7,69	6,44	3,85	4,06	2,84	0,650
		13			24,5	19,2	3,46	2,48	7,67	6,45	3,96	4,07	2,88	0,648
90	130	10	12	6	21,2	16,6	4,15	2,18	8,92	6,69	3,75	4,62	2,51	0,472
		12			25,1	19,7	4,24	2,26	8,88	6,72	3,85	4,60	2,56	0,468
		14			29,0	22,8	4,32	2,34	8,85	6,74	3,96	4,58	2,61	0,465
90	150	10	12,5	6,5	23,2	18,2	4,99	2,03	10,1	7,09	3,63	4,99	2,26	0,363
		12			27,5	21,6	5,08	2,11	10,0	7,12	3,71	4,98	2,32	0,360
		14			31,8	25,0	5,16	2,19	9,99	7,15	3,79	4,97	2,36	0,357
90	250	10	12,5	6,5	33,2	26,0	9,49	1,57	15,6	10,5	3,02	5,90	1,76	0,156
		12			39,5	31,0	9,59	1,65	15,5	10,6	3,09	5,87	1,80	0,154
		14			45,8	36,0	9,68	1,74	15,4	10,7	3,17	5,82	1,87	0,152
		16			52,0	40,8	9,77	1,82	15,3	10,8	3,24	5,78	1,96	0,150
100	150	10	13	6,5	24,2	19,0	4,80	2,34	10,3	7,50	4,10	5,25	2,68	0,442
		12			28,7	22,6	4,89	2,42	10,2	7,53	4,19	5,24	2,73	0,439
		14			33,2	26,1	4,97	2,50	10,2	7,56	4,28	5,23	2,77	0,435
100	200	10	15	7,5	29,2	23,0	6,93	2,01	13,2	8,76	3,75	5,98	2,22	0,266
		12			34,8	27,3	7,03	2,10	13,1	8,82	3,84	5,95	2,26	0,264
		14			40,3	31,6	7,12	2,18	13,0	8,88	3,93	5,92	2,32	0,262
		16			45,7	35,9	7,20	2,26	12,9	8,93	4,02	5,88	2,39	0,259
		18			51,0	40,0	7,29	2,34	12,9	8,97	4,09	5,86	2,46	0,256

J_x cm⁴	W_x cm³	i_x cm	J_y cm⁴	W_y cm³	i_y cm	J_ξ cm⁴	i_ξ cm	J_η cm⁴	i_η cm	Abmess. mm		
										d	b	a
113	16,6	3,17	37,6	7,54	1,84	128	3,39	21,6	1,39	7	100	65
141	21,0	3,15	46,7	9,52	1.82	160	3,36	27,2	1,39	9		
167	25,3	3,13	55,1	11,4	1,80	190	3,34	32,6	1,38	11		
145	18,9	3,71	34,4	6,71	1,81	158	3,88	21,1	1,42	6	115	65
188	24,8	3,69	44,2	8,78	1,79	205	3,85	27,4	1,41	8		
229	30,6	3,66	53,3	10,8	1,77	249	3.82	33.2	1,40	10		
263	31,1	4,17	44,8	8,72	1,72	280	4,31	28,6	1,38	8	130	65
321	38,4	4,15	54,2	10,7	1,71	340	4.27	35,0	1,37	10		
376	45,5	4,12	63,0	12,7	1,69	397	4,24	41,2	1,37	12		
88,1	13,9	2,81	55,5	9,98	2,23	117	3,24	27,1	1,56	7	90	75
110	17,6	2,79	69,1	12,6	2,21	145	3,21	34,1	1,56	9		
130	21,1	2,77	81,7	18,5	2,19	171	3,17	40,9	1,55	11		
118	17,0	3,15	56,9	10,0	2,19	145	3,49	30,1	1,59	7	100	75
148	21,5	3,13	71,0	12,7	2,17	181	3,47	37,8	1,59	9		
176	25,9	3,11	84,0	15,3	2,15	214	3,44	45,4	1,58	11		
276	31,9	4,17	68,3	11,7	2,08	303	4,37	41,3	1,61	8	130	75
337	39,4	4,14	82,9	14,4	2,06	369	4,34	50,6	1,61	10		
395	46,6	4,12	96,5	17,0	2,04	432	4,31	59,6	1,60	12		
455	46,8	4,83	78,3	13,2	2,00	484	4,98	50,0	1,60	9	150	75
545	56,6	4,80	93,0	15,9	1,98	578	4,95	59,8	1,59	11		
631	66,1	4,78	107	18,5	1,96	668	4,91	69,4	1,58	13		
709	65,7	5,47	88,2	14,8	1,93	739	5,59	58,5	1,57	10	170	75
834	78,0	5,45	103	17,4	1,91	868	5,56	68,9	1,57	12		
955	90,0	5,42	117	20,0	1,89	992	5,53	79,0	1,56	14		
1070	102	5,39	130	22,6	1,88	1110	5,50	88,8	1,55	16		
226	27,6	3,82	80,8	13,2	2,29	261	4,10	45,8	1,72	8	120	80
276	34,1	3,80	98,1	16,2	2,27	318	4,07	56,1	1,71	10		
323	40,4	3,77	114	19,1	2,25	371	4,04	66,1	1,71	12		
368	46,4	3,75	130	22,0	2,23	421	4,01	75,8	1,70	14		
204	26,5	3,43	122	18,3	2,66	264	3,90	62,2	1,89	9	110	90
243	31,9	3,41	146	22,1	2,64	315	3,88	74,3	1,88	11		
281	37,2	3,39	168	25,7	2,62	362	3,85	86,0	1,88	13		
358	40,5	4,11	141	20,6	2,58	420	4,46	78,5	1,93	10	130	90
420	48,0	4,09	165	24,4	2,56	492	4,43	92,6	1,92	12		
480	55,3	4,07	187	28,1	2,54	560	4,40	106	1,91	14		
532	53,1	4,79	146	21,0	2,51	591	5,05	87,3	1,94	10	150	90
626	63,1	4,77	170	24,7	2,49	694	5,02	102	1,93	12		
716	72,8	4,75	194	28,4	2,47	792	4,99	118	1,92	14		
2170	140	8,09	163	22,0	2,22	2220	8,18	113	1,84	10	250	90
2570	167	8,06	191	26,0	2,20	2630	8,15	133	1,83	12		
2960	193	8,03	218	30,0	2,18	3020	8,12	152	1,82	14		
3330	219	8,01	243	33,8	2,16	3400	8,09	172	1,82	16		
552	54,1	4,78	198	25,8	2,86	637	5,13	112	2,15	10	150	100
650	64,2	4,76	232	30,6	2,84	749	5,10	132	2,15	12		
744	74,1	4,73	264	35,2	2,82	856	5,07	152	2,14	14		
1220	93,2	6,46	210	26,3	2,68	1300	6,66	133	2,14	10	200	100
1440	111	6,43	247	31,3	2,67	1530	6,63	158	2,13	12		
1650	128	6,41	282	36,1	2,65	1760	6,60	181	2,12	14		
1860	145	6,38	316	40,8	2,63	1970	6,57	204	2,11	16		
2060	162	6,36	347	45,3	2,61	2180	6,54	227	2,11	18		

12. Angaben über Formstähle (Profile).

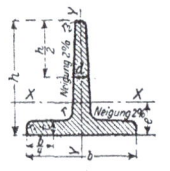

c) ⊥-Stähle (DIN 1024).

Regellängen = 3 bis einschl. 12 m.

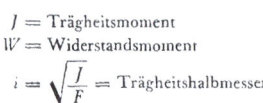

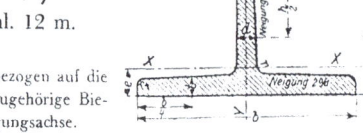

J = Trägheitsmoment
W = Widerstandsmoment
$i = \sqrt{\dfrac{J}{F}}$ = Trägheitshalbmesser

bezogen auf die zugehörige Biegungsachse.

Bezeich-nung ⊥	Abmessungen mm						Quer-schnitt	Ge-wicht		Für die Biegungsachse					
										$X-X$			$Y-Y$		
	b	h	$d=t$	r	r_1	r_2	F cm²	G kg/m	e cm	J_x cm⁴	W_x cm³	i_x cm	J_y cm⁴	W_y cm³	i_y cm
Breitfüßige ⊥-Stähle.															
6· 3	60	30	5,5	5,5	3	1,5	4,64	3,64	0,67	2,58	1,11	0,75	8,62	2,87	1,36
7· 3½	70	35	6	6	3	1,5	5,94	4,66	0,77	4,49	1,65	0,87	15,1	4,31	1,59
8· 4	80	40	7	7	3,5	2	7,91	6,21	0,88	7,81	2,50	0,99	28,5	7,13	1,90
9· 4½	90	45	8	8	4	2	10,2	8,01	1,00	12,7	3,63	1,11	46,1	10,2	2,12
10· 5	100	50	8,5	8,5	4,5	2	12,0	9,42	1,09	18,7	4,78	1,25	67,7	13,5	2,38
12· 6	120	60	10	10	5	2,5	17,0	13,4	1,30	38,0	8,09	1,49	137	22,8	2,84
14· 7	140	70	11,5	11,5	6	3	22,8	17,9	1,51	68,9	12,6	1,74	258	36,9	3,36
16· 8	160	80	13	13	6,5	3,5	29,5	23,2	1,72	117	18,6	1,99	422	52,8	3,78
18· 9	180	90	14,5	14,5	7,5	3,5	37,0	29,1	1,93	185	26,2	2,24	670	74,4	4,25
20·10	200	100	16	16	8	4	45,4	35,6	2,14	277	35,2	2,47	1000	100	4.69
⊥ W	Breitfüßige Wagenbau-⊥-Stähle.														
$\frac{100\cdot90}{10}$	100	90	10	10	5	2,5	17,9	14,0	2,25	111	16,4	2,49	79,9	15,9	2,11
$\frac{120\cdot80}{10}$	120	80	10	10	5	2,5	18,9	14,8	1,80	84,4	13,6	2,11	138	23,0	2.70
⊥ S	Breitfüßiger Schiffbau-⊥-Stahl.														
$\frac{200\cdot150}{19}$	200	150	19	19	9,5	5	62,5	49,1	3,60	1020	88,7	4,05	1190	119	4.36
⊥	Hochstegige ⊥-Stähle.														
1½	15	15	3	3	1,5	1	0,82	0,65	0,46	0,15	0,14	0,43	0,08	0,11	0.32
2	20	20	3	3	1,5	1	1,12	0,88	0,58	0,38	0,27	0,58	0,20	0,20	0.42
2½	25	25	3,5	3,5	2	1	1,64	1,29	0,73	0,87	0,49	0,73	0,43	0,34	0.51
3	30	30	4	4	2	1	2,26	1,77	0,85	1,72	0,80	0,87	0,87	0,58	0.62
3½	35	35	4,5	4,5	2,5	1	2,97	2,33	0,99	3,10	1,23	1,04	1,57	0,90	0.73
4	40	40	5	5	2,5	1	3,77	2,96	1,12	5,28	1,84	1,18	2,58	1,29	0.83
4½	45	45	5,5	5,5	3	1,5	4,67	3,67	1,26	8,13	2,51	1,32	4,01	1,78	0.93
5	50	50	6	6	3	1,5	5,66	4,44	1,39	12,1	3,36	1,46	6,06	2,42	1,03
6	60	60	7	7	3,5	2	7,94	6,23	1,66	23,8	5,48	1,73	12,2	4,07	1,24
7	70	70	8	8	4	2	10,6	8,32	1,94	44,5	8,79	2,05	22,1	6,32	1,44
8	80	80	9	9	4,5	2	13,6	10,7	2,22	73,7	12,8	2,33	37,0	9,25	1,65
9	90	90	10	10	5	2,5	17,1	13,4	2,48	119	18,2	2,64	58,5	13,0	1,85
10	100	100	11	11	5,5	3	20,9	16,4	2,74	179	24,6	2,92	88,3	17,7	2,05
12	120	120	13	13	6,5	3	29,6	23,2	3,28	366	42,0	3,51	178	29,7	2,45
14	140	140	15	15	7,5	4	39,9	31,3	3,80	660	64,7	4,07	330	47,2	2,88
16	160	160	15	15	7,5	4	45,8	35,9	4,20	1010	85,8	4,68	490	61,3	3,27
18	180	180	18	18	9	4,5	61,7	48,5	4,80	1720	130	5,27	857	95,2	3,73

Abdruck der Normenblätter des Deutschen Normenausschusses. Verbindlich für die vorstehenden Angaben bleiben die Dinormen. Normenblätter sind durch den Beuth-Vertrieb G. m. b. H., Berlin SW 68, Dresdener Str. 97, zu beziehen.

d) I-Stähle (DIN 1025₁ u. ₂).

Regellängen = 4 bis einschl. 15 m.

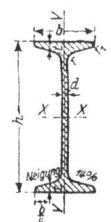

J = Trägheitsmoment
W = Widerstandsmoment

$i = \sqrt{\dfrac{J}{F}}$ = Trägheitshalbmesser

bezogen auf die zugehörige Biegungsachse.

S_x = Statisches Moment des halben Querschnitts.

$s_x = \dfrac{J_x}{S_x}$ = Abstand der Zug- und Druckmittelpunkte.

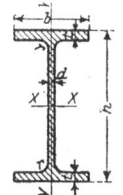

Be-zeich-nung $\mathbf{I}$	Abmessungen mm						Quer-schnitt F cm²	Ge-wicht G kg/m	Für die Biegungsachse						S_x cm³	s_x cm	Be-zeich-nung $\mathbf{I}$
									$X-X$			$Y-Y$					
	h	b	d	t	r	r_1			J_x cm⁴	W_x cm³	i_x cm	J_y cm⁴	W_y cm³	i_y cm			
8	80	42	3,9	5,9	3,9	2,3	7,58	5,95	77,8	19,5	3,20	6,29	3,00	0,91	11,4	6,84	8
10	100	50	4,5	6,8	4,5	2,7	10,6	8,32	171	34,2	4,01	12,2	4,88	1,07	19,9	8,57	10
12	120	58	5,1	7,7	5,1	3,1	14,2	11,2	328	54,7	4,81	21,5	7,41	1,23	31,8	10,3	12
14	140	66	5,7	8,6	5,7	3,4	18,3	14,4	573	81,9	5,61	35,2	10,7	1,40	47,7	12,0	14
16	160	74	6,3	9,5	6,3	3,8	22,8	17,9	935	117	6,40	54,7	14,8	1,55	68,0	13,7	16
18	180	82	6,9	10,4	6,9	4,1	27,9	21,9	1450	161	7,20	81,3	19,8	1,71	93,4	15,5	18
20	200	90	7,5	11,3	7,5	4,5	33,5	26,3	2140	214	8,00	117	26,0	1,87	125	17,2	20
22	220	98	8,1	12,2	8,1	4,9	39,6	31,1	3060	278	8,80	162	33,1	2,02	162	18,9	22
24	240	106	8,7	13,1	8,7	5,2	46,1	36,2	4250	354	9,59	221	41,7	2,20	206	20,6	24
26	260	113	9,4	14,1	9,4	5,6	53,4	41,9	5740	442	10,4	288	51,0	2,32	257	22,3	26
28	280	119	10,1	15,2	10,1	6,1	61,1	48,0	7590	542	11,1	364	61,2	2,45	316	24,0	28
30	300	125	10,8	16,2	10,8	6,5	69,1	54,2	9800	653	11,9	451	72,2	2,56	381	25,7	30
32	320	131	11,5	17,3	11,5	6,9	77,8	61,1	12510	782	12,7	555	84,7	2,67	457	27,4	32
34	340	137	12,2	18,3	12,2	7,3	86,8	68,1	15700	923	13,5	674	98,4	2,80	540	29,1	34
36	360	143	13,0	19,5	13,0	7,8	97,1	76,2	19610	1090	14,2	818	114	2,90	638	30,7	36
38	380	149	13,7	20,5	13,7	8,2	107	84,0	24010	1260	15,0	975	131	3,02	741	32,4	38
40	400	155	14,4	21,6	14,4	8,6	118	92,6	29210	1460	15,7	1160	149	3,13	857	34,1	40
42¹/₂	425	163	15,3	23,0	15,3	9,2	132	104	36970	1740	16,7	1440	176	3,30	1020	36,2	42¹/₂
45	450	170	16,2	24,3	16,2	9,7	147	115	45850	2040	17,7	1730	203	3,43	1200	38,3	45
47¹/₂	475	178	17,1	25,6	17,1	10,3	163	128	56480	2380	18,6	2090	235	3,60	1400	40,4	47¹/₂
50	500	185	18,0	27,0	18,0	10,8	180	141	68740	2750	19,6	2480	268	3,72	1620	42,4	50
55	555	200	19,0	30,0	19,0	11,9	213	167	99180	3610	21,4	3490	349	4,02	2120	46,8	55
60	600	215	21,6	32,4	21,6	13,0	254	199	139000	4630	23,4	4670	434	4,30	2730	50.9	60
14	140	60	4	5,5	4	2,4	11,7	9,16	365	52,2	5,59	15,6	5,21	1,15	Fachwerkb.		F 14
20	200	200	10	16	15		82,7	64,9	5950	595	8,48	2140	214	5,08	337	17,7	P 20
22	220	220	10	16	15		91,1	71,5	8050	732	9,37	2840	258	5,59	412	19,5	P 22
24	240	240	11	18	17		111	87,4	11690	974	10,5	4150	346	6,11	549	21,3	P 24
26	260	260	11	18	17		121	94,8	15050	1160	11,2	5280	406	6,61	649	23,2	P 26
28	280	280	12	20	18		144	113	20720	1480	12,0	7320	523	7,14	831	24,9	P 28
30	300	300	12	20	18		154	121	25760	1720	12,9	9010	600	7,65	959	26,8	P 30
32	320	300	13	22	20		171	135	32250	2020	13,7	9910	661	7,60	1130	28,5	P 32
34	340	300	13	22	20		174	137	36940	2170	14,5	9910	661	7,55	1220	30,3	P 34
36	360	300	14	24	21		192	150	45120	2510	15,3	10810	721	7,51	1410	32,0	P 36
38	380	300	14	24	21		194	153	50950	2680	16,2	10810	721	7,46	1510	33,8	P 38
40	400	300	14	26	21		209	164	60640	3030	17,0	11710	781	7,49	1700	35,6	P 40
42¹/₂	425	300	14	26	21		212	166	69480	3270	18,1	11710	781	7,43	1830	37,8	P 42¹/₂
45	450	300	15	28	23		232	182	84220	3740	19,0	12620	841	7,38	2110	40,0	P 45
47¹/₂	475	300	15	28	23		235	185	95120	4010	20,1	12620	841	7,32	2250	42,2	P 47¹/₂
50	500	300	16	30	24		255	200	113200	4530	21,0	13530	902	7,28	2560	44,3	P 50
55	550	300	16	30	24		263	207	140300	5100	23,1	13530	902	7,17	2880	48,7	P 55
60	600	300	17	32	26		289	227	180800	6030	25,0	14440	962	7,07	3500	51,6	P 60
65	650	300	17	32	26		297	234	216800	6670	27,0	14440	962	6,97	3780	57,4	P 65
70	700	300	18	34	27		324	254	270300	7720	28,9	15350	1020	6,88	4400	61,5	P 70
75	750	300	18	34	27		333	261	316300	8430	30,8	15350	1020	6,79	4800	65,8	P 75
80	800	300	18	34	27		342	268	366400	9160	32,7	15350	1020	6,70	5220	70,1	P 80

(Für die P-Reihe: Breit- und parallelflanschige I-Stähle)

Abdruck der Normenblätter des Deutschen Normenausschusses. Verbindlich für die vorstehenden Angaben bleiben die Dinormen. Normenblätter sind durch den Beuth-Vertrieb G. m. b. H., Berlin SW 68, Dresdener Str. 97, zu beziehen.

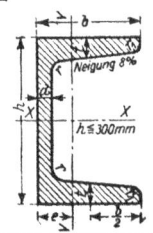

e) ⌷-Stähle (DIN 1026).

Regellängen = 4 bis einschl. 15 m.

J = Trägheitsmoment
W = Widerstandsmoment
$i = \sqrt{\dfrac{J}{F}}$ = Trägheitshalbmesser
bezogen auf die zugehörige Biegungsachse.

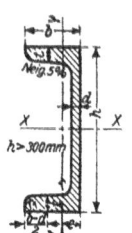

Bezeichnung ⌷	Abmessungen mm						Querschnitt F cm²	Gewicht G kg/m	e cm	Für die Biegungsachse						Bezeichnung ⌷
										$X-X$			$Y-Y$			
	h	b	d	t	r	r_1				J_x cm⁴	W_x cm³	i_x cm	J_y cm⁴	W_y cm³	i_y cm	
3	30	33	5	7	7	3,5	5,44	4,27	1,31	6,39	4,26	1,08	5,33	2,68	0,99	3
4	40	35	5	7	7	3,5	6,21	4,87	1,33	14,1	7,05	1,50	6,68	3,08	1,04	4
5	50	38	5	7	7	3,5	7,12	5,59	1,37	26,4	10,6	1,92	9,12	3,75	1,13	5
6½	65	42	5,5	7,5	7,5	4	9,03	7,09	1,42	57,5	17,7	2,52	14,1	5,07	1,25	6½
8	80	45	6	8	8	4	11,0	8,64	1,45	106	26,5	3,10	19,4	6,36	1,33	8
10	100	50	6	8,5	8,5	4,5	13,5	10,6	1,55	206	41,2	3,91	29,3	8,49	1,47	10
12	120	55	7	9	9	4,5	17,0	13,4	1,60	364	60,7	4,62	43,2	11,1	1,59	12
14	140	60	7	10	10	5	20,4	16,0	1,75	605	86,4	5,45	62,7	14,8	1,75	14
16	160	65	7,5	10,5	10,5	5,5	24,0	18,8	1,84	925	116	6,21	85,3	18,3	1,89	16
18	180	70	8	11	11	5,5	28,0	22,0	1,92	1350	150	6,95	114	22,4	2,02	18
20	200	75	8,5	11,5	11,5	6	32,2	25,3	2,01	1910	191	7,70	148	27,0	2,14	20
22	220	80	9	12,5	12,5	6,5	37,4	29,4	2,14	2690	245	8,48	197	33,6	2,26	22
24	240	85	9,5	13	13	6,5	42,3	33,2	2,23	3600	300	9,22	248	39,6	2,42	24
26	260	90	10	14	14	7	48,3	37,9	2,36	4820	371	9,99	317	47,7	2,56	26
28	280	95	10	15	15	7,5	53,3	41,8	2,53	6280	448	10,9	399	57,2	2,74	28
30	300	100	10	16	16	8	58,8	46,2	2,70	8030	535	11,7	495	67,8	2,90	30
32	320	100	14	17,5	17,5	8,75	75,8	59,5	2,60	10870	679	12 1	597	80,6	2,81	32
35	350	100	14	16	16	8	77,3	60,6	2,40	12840	734	12,9	570	75,0	2,72	35
40	400	110	14	18	18	9	19,5	71,8	2,65	20350	1020	14,9	846	102	3,04	40
⌷	Fachwerkbau-⌷-Stahl															⌷
14	140	40	4	6	6:	3	9,90	7,78	1,02	285	40,6	5,36	12,5	4,21		14
⌷ W	Wagenbau-⌷-Stähle															⌷ W
$\frac{105}{65}$	105	65	8	8	8	4	17,3	13,6	1,88	287	54,7	4,07	61,2	13,2	1,88	$\frac{105}{65}$
$\frac{145}{60}$	145	60	8	8	8	4	19,8	15,6	1,50	585	80,7	5,43	53,6	11,9	1,65	$\frac{145}{60}$
$\frac{235}{90}$	235	90	10	12	12	6	42,4	33,3	2,28	3430	292	9,00	272	40,5	2,53	$\frac{235}{90}$
$\frac{300}{75}$	300	75	10	10	10	5	42,8	33,6	1,50	4930	328	10,7	145	24,2	1,84	$\frac{300}{75}$
$\frac{300}{78}$	300	78	10	13	13	6,5	47,6	37,4	1,80	5860	393	11,1	209	34,7	2,10	$\frac{300}{78}$
⌷ St	Stellwerkbau-⌷-Stähle															⌷ St
$\frac{121,5}{35}$	121,5	35	5	6	6	3	9,65	7,58	0,85	193	31,7	4,47	8,50	3,20	0,94	$\frac{121,5}{35}$
$\frac{196}{78}$	196	78	13	18	18	9	49,1	38,6	2,40	2670	273	7,38	244	45,0	2,23	$\frac{196}{78}$

Abdruck der Normenblätter des Deutschen Normenausschusses. Verbindlich für die vorstehenden Angaben bleiben die Dinormen. Normenblätter sind durch den Beuth-Vertrieb G. m. b. H., Berlin SW 68, Dresdener Str. 97, zu beziehen.

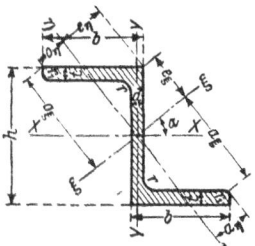

f) ⌐-Stähle (DIN 1027).

Regellängen

= 3 bis einschl. 10 m für ⌐ $\geqq$ 4,
= 3 bis einschl. 8 m für ⌐ = 3.

J = Trägheitsmoment
W = Widerstandsmoment
$i = \sqrt{\dfrac{J}{F}}$ = Trägheitshalbmesser

bezogen auf die
zugehörige Bie-
gungsachse.

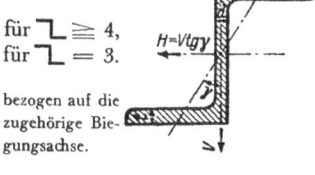

Abmessungen, Querschnitte F und Metergewichte G.

Be-zeich-nung ⌐	\multicolumn{6}{Abmessungen mm}	Quer-schnitt F cm²	Ge-wicht G kg/m	Lage der Achse $\eta-\eta$ tg α	\multicolumn{6}{Abstände in cm von den Achsen $\xi-\xi$ und $\eta-\eta$}
	h	b	d	t	r	r_1				$o\xi$	$o\eta$	e	$e\eta$	$a\xi$	$a\eta$
3	30	38	4	4,5	4,5	2,5	4,32	3,39	1,655	3,86	0,58	0,61	1,39	3,54	0,87
4	40	40	4,5	5	5	2,5	5,43	4,26	1,181	4,17	0,91	1,12	1,67	3,82	1,19
5	50	43	5	5,5	5,5	3	6,77	5,31	0,939	4,60	1,24	1,65	1,89	4,21	1,49
6	60	45	5	6	6	3	7,91	6,21	0,779	4,98	1,51	2,21	2,04	4,56	1,76
8	80	50	6	7	7	3,5	11,1	8,71	0,588	5,83	2,02	3,30	2,29	5,35	2,25
10	100	55	6,5	8	8	4	14,5	11,4	0,492	6,77	2,48	4,34	2,50	6,24	2,65
12	120	60	7	9	9	4,5	18,2	14,3	0,433	7,75	2,80	5,37	2,70	7,16	3,02
14	140	65	8	10	10	5	22,9	18,0	0,385	8,72	3,18	6,39	2,89	8,08	3,39
16	160	70	8,5	11	11	5,5	27,5	21,6	0,357	9,74	3,51	7,39	3,09	9,04	3,72
18	180	75	9,5	12	12	6	33,3	26,1	0,329	10,7	3,86	8,40	3,27	9,99	4,08
20	200	80	10	13	13	6,5	38,7	30,4	0,313	11,8	4,17	9,39	3,47	11,0	4,39

Statische Werte.

Bezeichnung ⌐	\multicolumn{12}{Für die Biegungsachse}	Zentrifugal-moment	\multicolumn{2}{Bei lotrechter Belastung V und bei}	fr. Ausb. z. Seite	Bezeichnung ⌐
	\multicolumn{3}{$X-X$}	\multicolumn{3}{$Y-Y$}	\multicolumn{3}{$\xi-\xi$}	\multicolumn{3}{$\eta-\eta$}		Verhinderung seitl. Ausbiegung durch H		
	J_x cm⁴	W_x cm³	i_x cm	J_y cm⁴	W_y cm³	i_y cm	J_ξ cm⁴	W_ξ cm³	i_ξ cm	J_η cm⁴	W_η cm³	i_η cm	J_{xy} cm⁴	W_x cm³	$\dfrac{V}{H}=$ tg γ	W cm³	
3	5,96	3,97	1,17	13,7	3,80	1,78	18,1	4,69	2,04	1,54	1,11	0,60	7,35	3,97	1,227	1,26	3
4	13,5	6,75	1,58	17,6	4,66	1,80	28,0	6,72	2,27	3,05	1,83	0,75	12,2	6,75	0,913	2,26	4
5	26,3	10,5	1,97	23,8	5,88	1,88	44,9	9,76	2,57	5,23	2,76	0,88	19,6	10,5	0,752	3,64	5
6	44,7	14,9	2,38	30,1	7,09	1,95	67,2	13,5	2,81	7,60	3,73	0,98	28,8	14,9	0,647	5,24	6
8	109	27,3	3,13	47,4	10,1	2,07	142	24,4	3,58	14,7	6,44	1,15	55,6	27,3	0,509	10,1	8
10	222	44,4	3,91	72,5	14,0	2,24	270	39,8	4,31	24,6	9,26	1,30	97,2	44,4	0,438	16,8	10
12	402	67,0	4,70	106	18,8	2,42	470	60,6	5,08	37,7	12,5	1,44	158	67,0	0,392	25,6	12
14	676	96,6	5,43	148	24,3	2,54	768	88,0	5,79	56,4	16,6	1,57	239	96,6	0,353	38,0	14
16	1050	132	6,20	211	32,1	2,77	1180	121	6,57	79,5	21,4	1,70	358	132	0,330	52,9	16
18	1600	178	6,92	270	38,4	2,84	1760	164	7,26	110	27,0	1,82	490	178	0,307	72,4	18
20	2300	230	7,71	357	47,6	3,04	2510	213	8,06	147	33,4	1,95	674	230	0,293	94,1	20

g) Halbrundniete für den Stahlbau (DIN 124₁).

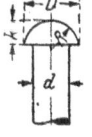

Rohnietdurchmesser	d	10	13	16	19	22	25	28	31	34	37	40	43
Kopfdurchmesser .	D	16	21	26	30	35	40	45	50	55	60	64	69
Kopfhöhe	k	6,5	8,5	10	12	14	16	18	20	22	24	26	28
Kopfrundung . . .	R	8	11	13,5	15,5	18	20,5	23	25,5	28	30,5	32,5	35,5
Geschlagenes Niet .		11	14	17	20	23	26	29	32	35	38	41	44

h) **Laufkranschienen**[1]).

α) Flachschienen.

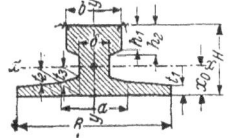

$b \cdot h = 50 \cdot 20$	$50 \cdot 30$	$50 \cdot 40$	$60 \cdot 30$	$60 \cdot 40$ mm
$F = 12,5$	15	20	18	24 cm²
$G = 9,81$	11,8	15,7	14,1	18,8 kg/m

β) **Regelprofile KS 1 bis 4.**

Regellängen = 4 bis einschl. 12 m.

Profil	Abmessungen in mm										
	Höhe	Breite	Kopf Höhe		Breite	Steg	Flansch				Radius
KS	H	B	h_1	h_2	b	δ	t_1	t_2	t_3	α	r
1	55	125	20	23,5	45	24	8	11	14,5	54	3
2	65	150	25	28,5	55	31	9	12,5	17,5	66	4
3	75	175	30	34	65	38	10	14	20	78	5
4	85	200	35	39,5	75	45	11	15,4	22	90	6

Profil	Querschnitt	Gewicht	Abstand des Schwerpunktes	Trägheits-momente		Wider-stands-momente		einen Rad-durchm.	Der zulässige Raddruck $R = D\,(b - 2r)\,k$ ergibt sich in Tonnen für und eine zulässige Schienenpressung $p_{zul} =$		
	F	G	x_0	Jx	Jy	Wx	Wy	D	40 kg/mm²	50 kg/mm²	60 kg/mm²
KS	cm²	kg/m	mm	cm⁴	cm⁴	cm³	cm³	mm			
1	28,7	22,5	22,5	94,1	182	29,1	29,2	400	6,2	7,8	9,4
2	41,1	32,2	26,5	185	329	48,0	43,8	600	11,3	14,1	16,9
3	55,8	43,8	30,6	329	646	74,0	73,8	800	17,6	22,0	26,4
4	72,6	57,0	35,2	523	989	105	98,9	1000	25,2	31,5	37,8

i) **Wulst-Flachstähle (System Dörnen)**[1]).

(Ilseder Hütte, Abt. Peiner Walzwerk.)

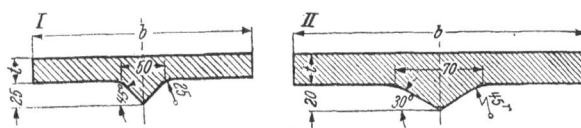

b in mm	t in mm	Wulstform	Größte Länge
250	15 bis 30	I	35 m
300 bis 600	30 „ 60	II }	50 m, jedoch nicht
050 „ 800	40 „ 60	II }	über 9,5 t Stückgewicht

Breiten 50 mm, Dicken 5 mm abgestuft.

---

¹ Aus: Stahl im Hochbau. Düsseldorf: Stahleisen.

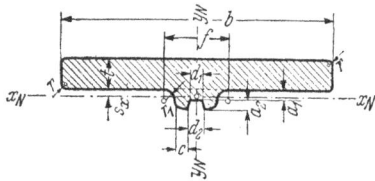

k) Nasenprofile (Dortmund-Hoerder Hüttenverein)[1].

Abmessungen und statische Werte der Flanschprofile.

Profil-bezeich-nung	Abmessungen in mm									Nasenfläche		Nasen-Trägheits-momente	
	b	t	d_1	d_2	c	f	a_1	a_2	r_1	s_x cm	F_N cm²	J_{Nx} cm⁴	J_{Ny} cm⁴
250	250	10 bis 22	10,25	11	20	73	6	6	10	0,5	5,7	0,55	15,4
320	320	16 „ 28	11,25	12	20	74	6	6	10	0,5	5,7	0,55	15,4
340	340	22 „ 34	11,25	12	20	74	8	6	10	0,6	6,6	0,91	18,6
360	360	26 „ 38	12,25	13	20	78	10	6	10	0,7	8,3	1,41	27,5
450	450	24 „ 45	12,25	13	31	155	34	6	40	1,7	35,0	44,0	287
500	500	30 „ 55	12,25	13	31	155	34	6	40	1,7	35,0	44,0	287
600	600	30 „ 55	13,25	14	33	160	37	6	40	1,8	39,2	57,8	345

l) Regelnietabstände in mm.

Nietloch $\varnothing$	Kleinster		Nietteilung e									Kleinstmaße	
	Randabstand	Endabstand	wenigstens für			höchstens für Heftniete bei						aus Profilrundung	vom Nietkopf
			Blechträger, Stützen usw.	Knotenanschlüsse	üblich	Knickstäbe nach Abbildung			Zugstäbe nach Abbildung				
	e_3	e_1				a	b	c	a	b	c		
11	17	22	33	35	40	90	135	180	110	165	220	12	14
14	21	28	42	45	50	110	165	220	140	210	280	15	17
17	26	34	51	55	60	135	200	270	170	255	340	18	20
20	30	40	60	60	70	160	240	320	200	300	400	20	22
23	35	46	69	70	80	185	275	370	230	345	460	23	24
26	39	52	78	80	90	205	310	410	260	390	520	26	26

Zu Abb. a: Es liegt ein Flachstahl außen.

Zu Abb. b: Alle außen liegenden Teile bestehen aus L-Stählen.

Zu Abb. c: Alle außen liegenden Teile bestehen aus C- oder ⊥-Stählen.

a   b   c

---

[1] Aus: Stahl im Hochbau. Düsseldorf: Stahleisen.

m) Streichmaße und Wurzelmaße (DIN 996 und 997).

b mm.	max d[1] mm	w mm	w_1 mm
30	8,5	17	—
35	11	20	—
40	11	22	—
45	11	25	—
50	14	30	—
55	17	30	—
60	17	35	—
65	20	35	—
70	20	40	—
75	23	40	—
80	23	45	—
90	26	50	—
100	26	55	—
110	26	45	70
115	26	50	75
120	26	50	80
130	26	50	90
140	26	55	100
150	26	55	110
160	29	60	115
170	29	60	125
180	29	60	135
200	32	60	150
250	32	60	200

h cm	b mm	c mm	max d mm	w mm
8	42	10,5	—	22
10	50	12,5	—	26
12	58	14,0	—	30
14	66	15,5	11	34
16	74	17,5	14	38
18	82	19,0	14	44
20	90	20,5	17	46
22	98	22,5	17	52
24	106	24,0	17	56
26	113	26,0	20	58
28	119	27,5	20	62
30	125	29,5	20	64
32	131	31,5	20	70
34	137	33,0	20	74
36	143	35,0	23	74
38	149	37,0	23	80
40	155	38,5	23	84
42½	163	41,0	26	86
45	170	43,5	26	92
47½	178	45,5	26	96
50	185	48,0	26	100
55	200	53,0	26	110
60	215	57,5	26	120

h cm	b mm	c mm	max d mm	w_1 mm	w_3 mm
20	200	31	26	—	110
22	220	31	26	—	120
24	240	35	26	35	160
26	260	35	26	40	180
28	280	38	26	45	200
30	300	38	26	55	220
32	300	42	26	55	220
34	300	42	26	55	220
36	300	45	26	55	220
38	300	45	26	55	220
40	300	47	26	55	220
42½	300	47	26	55	220
45	300	51	26	55	220
47½	300	51	26	55	220
50	300	54	26	55	220
55	300	54	26	55	220
60	300	58	26	55	220
65	300	58	26	55	220

$b \cdot h$ cm	$b \cdot h$ cm	max d mm	w mm
7 · 7	7 · 3½	11	40
8 · 8	8 · 4	11	50
9 · 9	9 · 4½	14	50
10 · 10	10 · 5	14	60
12 · 12	12 · 6	17	70
14 · 14	14 · 7	20	80
16 · 16	16 · 8	23	90
18 · 18	18 · 9	26	100
—	20 · 10	26	110

h cm	b mm	c mm	max d mm	w mm
3	38	9	11	20
4	40	10	11	22
5	43	11	11	25
6	45	12	14	25
8	50	14	14	30
10	55	16	17	30
12	60	18	17	35
14	65	20	20	35
16	70	22	20	40
18	75	24	23	40
20	80	26	23	45

h cm	b mm	c mm	max d mm	w mm
3	33	14,5	—	—
4	35	14,5	11	20
5	38	15	11	20
6½	42	16	11	25
8	45	17	14	25
10	50	18	14	30
12	55	19	17	30
14	60	21	17	35
16	65	22,5	20	35
18	70	23,5	20	40
20	75	24,5	23	40
22	80	26,5	23	45
24	85	28	26	45
26	90	30	26	50
28	95	32	26	50
30	100	34	26	55
32	100	37	26	55
35	100	34	26	55
38	102	34	26	55
40	110	38	26	45/70

[1] max d = größter Nietdurchmesser.

Abdruck der Normenblätter des Deutschen Normenausschusses. Verbindlich für die vorstehenden Angaben bleiben die Dinormen. Normenblätter sind durch den Beuth-Vertrieb G. m. b. H., Berlin SW 68, Dresdener Str. 97, zu beziehen.

n) Kreisquerschnitte.

$$\gamma = 7,85 \ t/m^3.$$

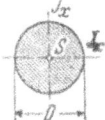

D mm	F cm²	J cm⁴	W cm³	G kg/m	D mm	F cm²	J cm⁴	W cm³	G kg/m
30	7,1	4,0	2,7	5,55	135	143,1	1630	242	112,4
35	9,6	7,4	4,2	7,55	140	153,9	1886	269	120,8
40	12,6	12,6	6,3	9,86	145	165,1	2170	299	129,6
45	15,9	20,1	8,9	12,5	150	176,7	2485	331	138,7
50	19,6	30,7	12,3	15,4	155	188,7	2833	366	148,1
55	23,8	44,9	16,3	18,7	160	201,1	3217	402	157,8
60	28,3	63,6	21,2	22,2	165	213,8	3638	441	167,9
65	33,2	87,6	27,0	26,0	170	227,0	4100	482	178,2
70	38,5	118	33,7	30,2	180	254,5	5153	573	199,8
75	44,2	155	41,4	34,7	190	283,5	6397	673	222,6
80	50,3	201	50,3	39,5	200	314,2	7854	785	246,6
85	56,7	256	60,3	44,5	210	346,4	9547	909	271,9
90	63,6	322	71,2	49,9	220	380,1	11499	1045	298,4
95	70,9	400	84,2	55,6	230	415,5	13737	1194	326,1
100	78,5	491	98,6	61,7	240	452,4	16286	1357	355,1
105	86,6	597	114	68,0	250	490,9	19175	1534	385,3
110	95,0	719	131	74,6	260	530,9	22432	1726	416,8
115	103,9	859	149	81,5	270	572,6	26087	1932	449,5
120	113,1	1018	170	88,8	280	615,8	30172	2155	483,4
125	122,7	1198	192	96,3	290	660,5	34719	2394	518,5
130	132,7	1402	216	104,2	300	706,9	39761	2651	554,9

o) Trägheitsmomente von Lamellen für 100 mm Breite.

Für zwischenliegende Werte von δ kann geradlinig eingeschaltet werden.

H mm	Trägheitsmomente J_H in cm⁴ für eine Breite von 100 mm und eine Dicke δ (in mm) von											
	8	10	12	14	16	18	20	22	24	26	28	30
40	155	203	255	312	372	437	507					
50	234	303	378	457	542	631	727					
52,5	256	331	412	498	589	686	788					
60	328	423	524	631	743	862	987					
70	439	563	695	832	977	1128	1287					
72,5	469	601	741	887	1040	1200	1368	1543	1725	1915	2113	2319
80	565	723	889	1062	1242	1431	1627	1831	2043	2263	2492	2730
90	707	903	1107	1320	1540	1769	2007	2254	2508	2773	3047	3330
100	866	1103	1350	1605	1870	2143	2427	2719	3022	3335	3657	3990
110	1040	1323	1616	1919	2231	2554	2887	3230	3584	3948	4324	4710
117,5	1181	1501	1832	2172	2523	2885	3258	3642	4036	4443	4860	5289
120	1231	1563	1907	2260	2625	3000	3387	3784	4193	4614	5046	5490
130	1437	1823	2221	2630	3050	3483	3927	4383	4850	5331	5824	6330
140	1659	2103	2559	3028	3508	4001	4507	5025	5556	6101	6659	7230
150	1898	2403	2922	3453	3998	4555	5127	5711	6310	6923	7549	8190

Ist die Lamelle b mm breit, so sind die Werte J_H der Tafel mit $b/100$ zu multiplizieren.

Anordnung I.

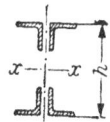

p) Statische Werte für 4 ∟-Stähle mit veränderlichem Höhenmaß h[1]. (Auszug.)

Anordnung II.

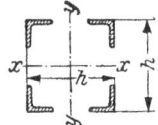

Gültig für Achse xx.

Gültig für Achse xx u. yy

∟ mm	F cm²	Wert	Abstand h der ∟-Eisen in mm									
			300	400	500	600	700	800	900	1000	1100	1200
50·50·5	19,2	J	3590	6690	10740	15750	—	—	—	—	—	—
		W	240	334	430	525	—	—	—	—	—	—
		i	13,7	18,7	23,7	28,6	—	—	—	—	—	—
55·55·6	25,2	J	4630	8650	13940	20480	28290	—	—	—	—	—
		W	309	433	557	683	808	—	—	—	—	—
		i	13,6	18,5	23,5	28,5	33,5	—	—	—	—	—
60·60·6	27,6	J	4990	9360	15110	22240	30760	—	—	—	—	—
		W	333	468	604	741	879	—	—	—	—	—
		i	13,4	18,4	23,4	28,4	33,4	—	—	—	—	—
65·65·7	34,8	J	6150	11600	18780	27710	38380	50780	—	—	—	—
		W	410	580	751	924	1100	1270	—	—	—	—
		i	13,3	18,3	23,2	28,2	33,2	38,2	—	—	—	—
70·70·7	37,6	J	6550	12390	20110	29710	41190	54550	69790	86910	—	—
		W	437	620	804	990	1180	1360	1550	1740	—	—
		i	13,2	18,2	23,1	28,1	33,1	38,1	43,1	48,1	—	—
75·75·7	40,4	J	6940	13170	21410	31680	43970	58270	74600	92940	113300	135700
		W	463	659	856	1060	1260	1460	1660	1860	2060	2260
		i	13,1	18,1	23,0	28,0	33,0	38,0	43,0	48,0	53,0	58,0
80·80·8	49,2	J	8270	15770	25730	38150	53030	70360	90160	112400	137100	164300
		W	552	789	1030	1270	1510	1760	2000	2250	2490	2740
		i	13,0	17,9	22,9	27,8	32,8	37,8	42,8	47,8	52,8	57,8
90·90·9	62,0	J	10090	19360	31740	47210	65790	87470	112200	140100	171100	205200
		W	673	968	1270	1570	1880	2190	2490	2800	3110	3420
		i	12,8	17,7	22,6	27,6	32,6	37,6	42,5	47,5	52,5	57,5
100·100·10	76,8	J	12100	23380	38490	57440	80240	106900	137300	171700	209800	251800
		W	807	1170	1540	1910	2290	2670	3050	3430	3810	4200
		i	12,6	17,4	22,4	27,3	32,3	37,3	42,3	47,3	52,3	57,3
110·110·10	84,8	J	13020	25260	41740	62460	87410	116600	150000	187700	229600	275800
		W	868	1260	1670	2080	2500	2920	3330	3750	4170	4600
		i	12,4	17,3	22,2	27,1	32,1	37,1	42,1	47,0	52,0	57,0
120·120·11	102	J	15130	29500	48940	73470	103100	137800	177500	222400	272300	327300
		W	1010	1470	1960	2450	2950	3440	3940	4450	4950	5450
		i	12,2	17,0	21,9	26,8	31,8	36,8	41,7	46,7	51,7	56,6

[1] Aus: Stahl im Hochbau. Düsseldorf: Stahleisen.

Vierter Abschnitt: Brennstoffe und ihre technische Verwendung.

1. Feste Brennstoffe.

Art des Brennstoffs	Unterer Heizwert H_u kcal/kg	Wirklicher Luftbedarf in Nm³/kg							Wirkliches Rauchgasvolumen (feucht) V in Nm³/kg							Wärmeinhalt i in kcal/Nm³						
		1,0	1,2	1,4	1,6	1,8	2,0	2,5	1,0	1,2	1,4	1,6	1,8	2,0	2,5	1,0	1,2	1,4	1,6	1,8	2,0	2,5
Holz, Torf	1000	1,51	1,81	2,11	2,42	2,72	3,02	3,78	2,54	2,84	3,14	3,45	3,75	4,05	4,81	394	352	318	290	267	247	208
	1500	2,02	2,42	2,82	3,22	3,63	4,03	5,04	2,99	3,38	3,79	4,19	4,59	5,00	6,00	502	444	396	358	327	300	250
Deutsche Rohbraunkohle	2000	2,52	3,02	3,53	4,03	4,54	5,04	6,30	3,43	3,93	4,44	4,94	5,45	5,95	7,21	583	509	451	405	367	336	278
	2500	3,03	3,63	4,24	4,84	5,45	6,05	7,56	3,88	4,48	5,08	5,69	6,29	6,90	8,41	645	558	492	440	398	362	297
	3000	3,53	4,24	4,94	5,65	6,35	7,06	8,83	4,32	5,03	5,73	6,43	7,14	7,85	9,62	695	597	524	467	420	382	312
	3500	4,04	4,84	5,65	6,46	7,26	8,07	10,09	4,77	5,57	6,37	7,18	7,99	8,80	10,81	734	628	551	488	436	398	324
Böhmische Braunkohle	4000	4,54	5,45	6,36	7,26	8,17	9,08	11,35	5,21	6,12	7,03	7,93	8,84	9,75	12,02	768	654	570	505	452	410	333
	4500	5,05	6,05	7,06	8,07	9,08	10,09	12,61	5,66	6,66	7,67	8,68	9,69	10,70	13,22	795	676	586	518	464	421	340
Braunkohlenbriketts	5000	5,55	6,66	7,77	8,88	9,99	11,10	13,88	6,10	7,21	8,32	9,43	10,54	11,65	14,43	820	693	601	530	474	429	346
	5500	6,06	7,27	8,48	9,69	10,90	12,12	15,14	6,55	7,75	8,96	10,17	11,38	12,60	15,63	840	710	614	541	483	436	352
	6000	6,56	7,87	9,18	10,50	11,81	13,12	16,40	6,99	8,30	9,61	10,92	12,23	13,55	16,83	858	723	624	550	490	443	356
Steinkohlen, Koks	6500	7,07	8,48	9,89	11,30	12,72	14,13	17,66	7,44	8,85	10,26	11,67	13,09	14,50	18,03	874	734	634	557	496	448	360
	7000	7,57	9,09	10,60	12,11	13,63	15,14	18,93	7,88	9,39	10,90	12,42	13,94	15,45	19,24	889	745	641	564	502	453	363
	7500	8,08	9,69	11,31	12,92	14,54	16,15	20,19	8,33	9,94	11,56	13,17	14,79	16,40	20,44	900	754	649	569	507	457	367
	8000	8,58	10,30	12,01	13,73	15,44	17,16	21,45	8,77	10,49	12,20	13,92	15,63	17,35	21,64	912	763	655	574	512	461	370

2. Flüssige Brennstoffe.

Art des Brennstoffs	Unterer Heizwert H_u kcal/kg	Wirklicher Luftbedarf in Nm³/kg							Wirkliches Rauchgasvolumen (feucht) V in Nm³/kg							Wärmeinhalt i in kcal/Nm³						
		1,0	1,2	1,4	1,6	1,8	2,0	2,5	1,0	1,2	1,4	1,6	1,8	2,0	2,5	1,0	1,2	1,4	1,6	1,8	2,0	2,5
Heizöl	9000	9,65	11,58	13,51	15,44	17,37	19,30	24,13	9,99	11,92	13,85	15,78	17,71	19,64	24,47	900	755	650	570	508	458	368
Benzol	9500	10,08	12,09	14,11	16,12	18,14	20,15	25,19	10,55	12,56	14,58	16,59	18,61	20,62	25,66	900	756	652	573	510	461	370
Treiböl	10000	10,50	12,60	14,70	16,80	18,90	21,00	26,25	11,10	13,20	15,30	17,40	19,50	21,60	26,85	901	757	654	575	513	463	372
Benzin	10500	10,93	13,11	15,30	17,48	19,67	21,85	27,31	11,66	13,84	16,03	18,21	20,40	22,58	28,04	901	758	655	577	515	465	374
	11000	11,35	13,62	15,89	18,16	20,43	22,70	28,38	12,21	14,48	16,75	19,02	21,29	23,56	29,24	901	759	656	578	517	467	376
	11500	11,78	14,13	16,49	18,84	21,20	23,55	29,44	12,77	15,12	17,48	19,83	22,19	24,54	30,43	901	760	658	580	519	468	378

3. Gasförmige Brennstoffe (bez. auf 1 Nm³ trockenes Gas).

Art des Brennstoffes	H_u kcal Nm³	Wirklicher Luftbedarf in Nm³/Nm³ trockenes Gas							
		Bei einer Luftüberschußzahl n von							
		1,0	1,1	1,2	1,3	1,4	1,5	2,0	2,5
Gichtgas	500	0,44	0,48	0,53	0,57	0,61	0,66	0,88	1,09
	750	0,66	0,72	0,79	0,85	0,92	0,98	1,31	1,64
	1000	0,88	0,96	1,05	1,14	1,23	1,31	1,75	2,19
Generatorgas . .	1250	1,09	1,20	1,31	1,42	1,53	1,64	2,19	2,73
	1500	1,31	1,44	1,58	1,71	1,84	1,97	2,63	3,28
	2000	1,75	1,93	2,10	2,28	2,45	2,63	3,50	4,38
Wassergas . . .	2500	2,15	2,37	2,58	2,79	3,01	3,23	4,30	5,38
	3000	2,72	2,99	3,27	3,54	3,81	4,08	5,44	6,80
Koksofengas . .	3500	3,45	3,79	4,14	4,49	4,83	5,18	6,81	8,63
Leuchtgas . . .	4000	4,11	4,52	4,93	5,34	5,75	6,17	8,22	10,28
	4500	4,66	5,12	5,59	6,05	6,52	6,98	9,31	11,64

4. Mittelwerte für H_u.

a) Feste Brennstoffe:

Brennstoff	H_u kcal/kg	Brennstoff	H_u kcal/kg
Holz, lufttrocken . . .	3730	Steinkohle: Ruhr . .	6800÷7600
Torf, „ . . .	3260	Aachen . .	7800÷8100
Braunkohle, deutsche .	2000÷2750	Schlesische	6800÷7400
böhmische	4580	Steinkohlenbrikett . .	7450÷7800
Braunkohlenbrikett . .	4750÷4980	Koks	6700÷7100
		Anthrazit	7700÷8100

b) Flüssige Brennstoffe:

Bezeichnung	Wichte (bei 15⁰ C) kg/dm³	H_u (Mittel) kcal/kg	Bezeichnung	Wichte (bei 15⁰ C) kg/dm³	H_u (Mittel) kcal/kg
Treibstoffe:			Heizöle:		
Benzin	0,72÷0,78	10300	Braunkohlen-		
Benzol	0,875	9650	teeröl . . .	0,92	9690
Gasöl (Dieselöl) .	0,96÷0,89	10120	Steinkohlen-		
Heizöle:			teeröl . . .	1,08	8950
Heizöl, leicht . .	0,90	10050	Dünnteer . .	1,12	
Heizöl, schwer .	0,95	9980	Spiritus . 90%	0,83	~5700

c) Technische Brenngase:

Gasart	H_u kcal/Nm³	Gasart	H_u kcal/Nm³
Entgasung { Koksofengas . . .	4000	Vergasung { Wassergas	2540
Stadtgas (Mischgas)	3790	Generatorgas . . .	1250
Stadtgas (entgiftet) .	3460	Gichtgas	940

Fünfter Abschnitt: Maschinenteile.

1. Normaldurchmesser (nach DIN 3).

Maße in mm.

1	20	50	100	150	200	250	300	350	400	450
	21	52								
1,5	22									
		55	105	155						
2	23									
	24	58								
2,5	25	60	110	160	210	260	310	360	410	460
3	26	62								
3,5	27									
		65	115	165						
4	28									
4,5		68								
5	30	70	120	170	220	270	320	370	420	470
6	32	72								
7	33									
		75	125	175						
8	34									
9	35	78								
10	36	80	130	180	230	280	330	380	430	480
11		82								
12	38									
		85	135	185						
13	40									
14	42	88								
15		90	140	190	240	290	340	390	440	490
16	44	92								
17	45									
		95	145	195						
18	46									
19	48	98								
										500

2. Rundungshalbmesser (nach DIN 250).

Maße in mm.

Reihe 1	0,2		0,4		0,6		1		1,5		2,5		4
Reihe 2		0,3		0,5		0,8		1,25		2		3	
Reihe 1		6		10		15		20		25	30		40
Reihe 2	5		8		12		18		22			35	
Reihe 1		50	60		80		100		125		160		200
Reihe 2	45			70		90		110		140		180	

Die Halbmesser der Reihe 1 sind vorzugsweise zu verwenden.

3. Halbrundniete für den Kesselbau (nach DIN 123).

(Flußstahl.)

Bezeichnung: Halbrundniete 25×60 DIN 123.

Rohnietdurchmesser . Nenndurchmesser d mm	10	13	16	19	22	25	28	31	34	37	40	43
Kopfdurchmesser . . D mm	18	23	30	35	40	45	50	55	60	67	72	77
Kopfhöhe . . . . . k mm	7	9	12	14	16	18	20	22	24	26	28	30
Kopfrundung . . . $R\sim$ mm	9,5	12	15,5	18	20,5	23	25,5	28	30,5	34,5	37	40
Schaftrundung . . . r mm	1	1,5	2	2	2	2,5	3	3	3,5	4	4	4
Lochdurchmesser = Berechnungsdurchmesser . d_1 mm	11	14	17	20	23	26	29	32	35	38	41	44

**4. Querschnitte und Nutenabmessungen der Längskeile sowie der Paß-
und Gleitfedern (nach DIN 141, 142, 143, 252, 253, 269).**

Wellendurch- messer d mm	Hohlkeile DIN 143 und DIN 253 Breite × Stärke $b \times s$	Flachkeile DIN 142 u. DIN 252 Breite × Höhe $b \times s$	Scheitel- höhe	Nutenkeile und Federn Breite × Höhe $b \times s$	Wellen- nuttiefe	Nabennuttiefe für Keile (Nenn- maß) DIN 141	Federn (Kleinst- maß) DIN 269
10 bis 12	—	—	—	4× 4	2,5	1,5	1,7
über 12 ,, 17	—	—	—	5× 5	3	2	2,2
,, 17 ,, 22	—	—	—	6× 6	3,5	2,5	2,7
,, 22 ,, 30	8×3	8× 4	1	8× 7	4	3	3,2
,, 30 ,, 38	10×3,5	10× 5	1,5	10× 8	4,5	3,5	3,7
,, 38 ,, 44	12×3,5	12× 5	1,5	12× 8	4,5	3,5	3,7
,, 44 ,, 50	14× 4	14× 5	1	14× 9	5	4	4,2
,, 50 ,, 58	16× 5	16× 6	1	16×10	5	5	5,2
,, 58 ,, 68	18× 5	18× 7	2	18×11	6	5	5,3
,, 68 ,, 78	20× 6	20× 8	2	20×12	6	6	6,3
,, 78 ,, 92	24× 7	24× 9	2	24×14	7	7	7,3
,, 92 ,, 110	28× 8	28×10	2	28×16	8	8	8,3
,, 110 ,, 130	32× 9	32×11	2	32×18	9	9	9,3
,, 130 ,, 150	36×10	36×13	3	36×20	10	10	10,3
,, 150 ,, 170	—	40×14	3	40×22	11	11	11,3
,, 170 ,, 200	—	45×16	4	45×25	13	12	12,3
,, 200 ,, 230	—	50×18	4	50×28	14	14	14,3
,, 230 ,, 260	—	—	—	55×30	15	15	15,3
,, 260 ,, 290	—	—	—	60×32	16	16	16,4
,, 290 ,, 330	—	—	—	70×36	18	18	18,4
,, 330 ,, 380	—	—	—	80×40	20	20	20,4
,, 380 ,, 440	—	—	—	90×45	23	22	22,4
,, 440 ,, 500	—	—	—	100×50	25	25	25,4

5. Nutentiefe für Tangentkeile (nach DIN 271).

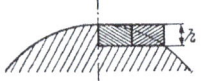

Wellen- durch- messer mm	h mm	Wellen- durch- messer mm	h mm	Wellen- durch- messer mm	h mm	Wellen- durch- messer mm	h mm	Wellen- durch- messer mm	h mm	Wellen- durch- messer mm	h mm
60	7	130	10	200	14	270	18	380	26	520	34
70	7	140	11	210	14	280	20	400	26	540	38
80	8	150	11	220	16	290	20	420	30	560	38
90	8	160	12	230	16	300	20	440	30	580	38
100	9	170	12	240	16	320	22	460	30	600	42
110	9	180	12	250	18	340	22	480	34		
120	10	190	14	260	18	360	26	500	34		

    Abdruck der Normenblätter des Deutschen Normenausschusses. Verbindlich für die vor-
stehenden Angaben bleiben die Dinormen. Normenblätter sind durch den Beuth-Vertrieb
G. m. b. H., Berlin SW 68, Dresdener Str. 97, zu beziehen.

6. Gewindebezeichnungen.
Abgekürzte Bezeichnungen.
a) Für eingängige Rechtsgewinde.

Art des eingängigen Rechtsgewindes	Zeichen vor der Maßzahl	Maßangabe	Beispiel	Für Gewinde nach DIN
Whitworth-Gewinde	—	Gewindeaußendurchmesser in Zoll	$2''$	11 [1])
Whitworth-Feingewinde	W	Gewindeaußendurchmesser in mm mal Steigung in Zoll	W 104 × ¼''	239 und 240
Whitworth-Rohrgewinde	R	Innendurchmesser des Rohres in Zoll	R 4''	259
Metrisches Gewinde	M	Gewindeaußendurchmesser in mm	M 80	13 und 14 [1])
Metrisches Feingewinde	M	Gewindeaußendurchmesser in mm mal Steigung in mm	M 104 × 4	241, 242, 243, 516, 517, 518, 519, 520 und 521
Trapezgewinde	Tr	Gewindeaußendurchmesser in mm mal Steigung in mm	Tr 48 × 8	103, 378 und 379
Rundgewinde	Rd	Gewindeaußendurchmesser in mm mal Steigung in Zoll	Rd 40 × ⅙''	405
Sägengewinde	S	Gewindeaußendurchmesser in mm mal Steigung in mm	S 70 × 10	513, 514 und 515

b) Für Links- und mehrgängige Gewinde.

Bezeichnung des Zusatzes für	Abkürzung	Zeichenort	Beispiel	Für Gewinde	Gültig für
Gas- und dampfdicht	dicht	hinter der Gewindebezeichnung	M 20 dicht	—	Metrisches, Whitworth- und Whitworth-Rohrgewinde
			$2''$ dicht		
			R 4'' dicht		
Linksgewinde [2])	links		W 104 × ⅙'' links	W	Whitworth-, metrisches, Trapez-, Rund- und Sägengewinde
			M 80 links	M	
			R 4'' links	R	
			Tr 48 × 4 links	Tr	
Mehrgängiges Gewinde rechts	[. . . [3]) gäng]		$2''$ (2 gäng)	—	
			Tr 48 × 16 (2 gäng)	Tr	
Mehrgängiges Gewinde links	links [. . . [3]) gäng]		$2''$ links (2 gäng)	—	
			Tr 48 × 16 links (2 gäng)	Tr	

[1]) Die Toleranzen nach DIN 2244 legen für Whitworth-Gewinde nach DIN 11 auf Beiblatt 1 bis 4, für metrisches Gewinde nach DIN 13 und 14 auf Beiblatt 1 bis 4 ein kleines Spitzenspiel fest. Es wird in der Bezeichnung nicht ausgedrückt.
[2]) Bei Teilen, die mit Rechts- und mit Linksgewinde versehen sind, z. B. Spannschlössern, ist auch vor die Gewindebezeichnung des Rechtsgewindes das Wort „rechts" zu setzen.
[3]) Die Gangzahl ist von Fall zu Fall einzusetzen.

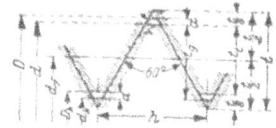

7. Metrisches Gewinde (nach DIN 13 und 14).

Maße in mm.

Nenndurchmesser = Gewindedurchmesser des Bolzens d	Bolzen Kerndurchmesser $d\,x$	Kernquerschnitt cm²	Ganghöhe h	Mutter Gewindedurchmesser D	Kerndurchmesser D_1	DIN 934 Schlüsselweite	DIN 931 932 Kopfhöhe	DIN 934 Mutterhöhe	DIN 934 Eckenmaß	DIN 69 Durchgangsloch gebohrt	DIN 69 Durchgangsloch gegossen
M 12	9,57	0,72	1,75	12,156	9,726	22	9	11	25,4	14	15
M 14	11,22	0,99	2	14,180	11,402	22	9	11	25,4	16	18
M 16	13,22	1,37	2	16,180	13,402	27	11	13	31,2	18	20
M 18	14,53	1,66	2,5	18,224	14,752	32	13	16	36,9	20	22
M 20	16,53	2,15	2,5	20,224	16,752	32	13	16	36,9	23	25
M 22	18.53	2,70	2,5	22,224	18,732	36	16	18	41,6	25	27
M 24	19,83	3,09	3	24,270	20,102	36	16	18	41,6	27	30
M 27	22,83	4,09	3	27,270	23,102	41	18	20	47,3	30	33
M 30	25,14	4,99	3,5	30,316	25,454	46	20	22	53,1	33	36
M 33	28,14	6,22	3,5	33,316	28,454	50	22	25	57,7	36	40
M 36	30,44	7,28	4	36,360	30,804	55	24	28	63,5	39	42
M 39	33,44	8,79	4	39,360	33,804	60	27	30	69,3	42	45
M 42	35,75	10,04	4,5	42,404	36,154	65	30	32	75,0	45	49
M 45	38,75	11,79	4,5	45,404	39,154	70	32	35	80,8	48	52
M 48	41,05	13,23	5	48,450	41,504	75	34	38	86,5	52	56
M 52	45,05	15,94	5	52,450	45,504	80	36	40	92,4	56	62
M 56	48,36	18,37	5,5	56,496	48,856	85	40	45	98	62	68
M 60	52,36	21,53	5,5	60,496	52,856	90	45	50	104	65	72
M 64	55,67	24,34	6	64,64	56,206	95	45	50	110	70	76
M 68	59,67	27,96	6	68,54	60,206	100	48	55	116	74	80
M 72	63,67	31,83	6	72,54	64,206	105	48	55	121	78	85
M 76	67,67	35,96	6	76,54	68,206	110	52	60	127	82	90
M 80	71,67	40,34	6	80,54	72,206	115	58	65	133	86	95
M 84	75,67	44,96	6	84,54	76,206	120	58	65	139	90	100
M 89	80,67	51,10	6	89,54	81,206	130	62	70	150	95	105
M 94	85,67	57,64	6	94,54	86,206	135	65	75	156	102	110
M 99	90,67	64,56	6	99,54	91,206	145	70	80	167	108	115
M 104	95,67	71,88	6	104,54	96,206	150	75	85	173		
M 109	100,67	79,59	6	109,54	101,206	155	75	85	179		
M 114	105,67	87,69	6	114,54	106,206	165	80	90	191		
M 119	110,67	96,18	6	119,54	111,206	175	85	95	202		
M 124	115,67	105,07	6	124,54	116,206	180	88	100	208		
M 129	120,67	114,35	6	129,54	121,206	185	90	105	214		
M 134	125,67	124,04	6	134,54	126,206	190	90	105	219		
M 139	130,67	134,09	6	139,54	131,206	200	95	110	231		
M 144	135,67	144,10	6	144,54	136,206	210	100	115	242		
M 149	140,67	155,40	6	149,54	141,206	210	100	115	242		

Die Gewinde unter 12 mm Durchmesser sind bei dem Whitworth-Gewinde (S. 76) angegeben.

Schrauben, Muttern und Fassonteile aller Art mit Innen- und Außengewinde bis einschließlich 10 mm Durchmesser dürfen für den Inlandsbedarf nur mit metr. Gewinde nach DIN 13 und 14 bzw. nach DIN 243, 517 ÷ 521 hergestellt werden.

Alle Arten von Schrauben, Muttern und Fassonteilen mit Innen- und Außengewinde über 10 mm Durchmesser sollen für den Inlandsbedarf möglichst mit metr. Gewinde nach DIN 13 und 14 bzw. 243, 516 ÷ 521 angefertigt werden.

Die Herstellung einzelner Schrauben usw. für den Reparaturbedarf unterliegt nicht obigen Vorschriften.

Am 1. 10. 41 tritt die Anordnung in Kraft. Für die Neuanfertigung von Gewinden, die nicht für laufende Aufträge hergestellt werden, gelten die Vorschriften bereits vom 1. 4. 41 an.

8. Whitworth-Gewinde.

Gewinde-durchmesser engl. Zoll	Anzahl der Gewindegänge auf die Länge d	DIN 934 Eckenmaß e_1 ≈ mm	DIN 532, 931 Gewindelänge b für 1 Mutter bei $m \approx 0,8\,d$ mm	Querschnitt im Schaft $\frac{1}{4}\pi d^2$ cm²	DIN 69 Durchgangsloch		DIN 125, 126 Unterlegscheibe		DIN 92 Splint-durchmesser mm
					ge-bohrt mm	ge-gossen mm	Durch-messer mm	Stärke mm	
Metr. Gewinde M 6		12,7	15	0,28	7	—	14	1,5	1,2
M 8		16,2	18	0,50	9,5	10,5	18	2	2
M 10		19,6	22	0,79	11,5	13	21	2,5	2
M(11)		21,9	25	0,95	13	14	24	3	3
$^1/_2''$	6	25,4	25	1,27	15	16	28	3	3
$^5/_8''$	6 $^7/_8$	31,2	30	1,99	18	20	34	3	4
$^3/_4''$	7 $^1/_2$	36,9	35	2,87	22	24	40	4	4
$^7/_8''$	7 $^7/_8$	41,6	38	3,87	25	27	45	4	5
$1''$	8	47,3	42	5,07	28	31	52	5	5
$1^1/_8''$	7 $^7/_8$	53,1	48	6,42	32	35	58	5	6
$1^1/_4''$	8 $^3/_4$	57,7	50	7,89	35	38	62	5	5
$1^3/_8''$	8 $^1/_4$	63,5	55	9,57	38	41	68	6	8
$1^1/_2''$	9	69,3	62	11,4	42	45	75	6	6
$1^5/_8''$	8 $^1/_8$	75,0	65	13,4	45	49	80	7	8
$1^3/_4''$	8 $^3/_8$	80,8	70	15,5	48	52	85	7	8
$(1^7/_8'')$	8 $^1/_{16}$	86,5	72	17,8	52	56	92	8	8
$2''$	9	92,4	75	20,3	55	60	98	8	8
$2^1/_4''$	9	98	85	25,6	62	68	105	9	10
$2^1/_2''$	10	110	90	31,7	68	75	120	9	10
$2^3/_4''$	9 $^5/_8$	121	95	38,3	74	82	130	10	10
$3''$	10 $^1/_2$	127	100	45,6	82	90	135	10	10
$3^1/_4''$	10 $^9/_{16}$	139	105	53,5	88	98	150	12	10
$3^1/_2''$	11 $^3/_8$	150	115	62,1	95	105	160	12	13
$3^3/_4''$	11 $^1/_4$	156	120	71,2	102	110	165	12	13
$4''$	12	167	125	81,0	108	115	180	14	13
$4^1/_4''$	12 $^7/_{32}$	179	130	91,6	—	—	190	14	13
$4^1/_2''$	12 $^{15}/_{16}$	191	135	103	—	—	205	14	13
$4^3/_4''$	13 $^1/_{16}$	202	140	114	—	—	215	16	13
$5''$	13 $^3/_4$	208	145	127	—	—	220	16	16
$5^1/_4''$	13 $^{25}/_{32}$	219	150	140	—	—	230	16	16
$5^1/_2''$	14 $^7/_{16}$	231	160	153	—	—	245	18	16
$5^3/_4''$	14 $^3/_8$	242	170	167	—	—	255	18	16
$6''$	15	254	180	182	—	—	270	18	16

Das eingeklammerte Gewinde ist möglichst zu vermeiden.

Abdruck der Normenblätter des Deutschen Normenausschusses. Verbindlich für die vorstehenden Angaben bleiben die Dinormen. Normenblätter sind durch den Beuth-Vertrieb G. m. b. H., Berlin SW 68, Dresdener Str. 97, zu beziehen.

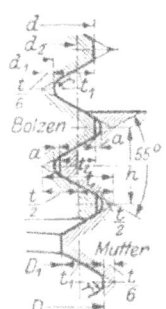

Whitworth-Gewinde
ohne Spitzenspiel.
DIN 11.

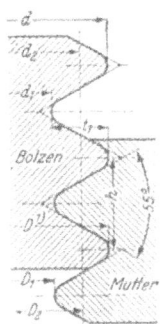

9. Whitworth-Gewinde.

Whitworth-Gewinde
mit Spitzenspiel.
DIN 11₄.

Nenn-durchmesser d engl. Zoll	mm	Bolzen — Whitworth-Gewinde DIN 11 u. 11₄ Kerndurch-messer d_1 mm	Kernquer-schnitt cm²	Flanken-durch-messer d_2 mm	Gang-zahl auf 1 Zoll z	Whitworth-Gewinde mit Spitzenspiel DIN 11₄ Gewinde-durch-messer d mm	Trag-tiefe t_2 mm	DIN 475 Schlüs-sel-weite mm	DIN 931, 532 Kopf-höhe mm	DIN 934 Mut-ter-höhe mm	Nenn-durchmesser d engl. Zoll
M 6		4,61	0,17	5,35	1	6,09	0,65	11	5	5	M 6
M 8		6,26	0,31	7,19	1,25	8,11	0,81	14	6	6,5	M 8
M 10		7,92	0,49	9,03	1,5	10,14	0,97	17	7	8	M 10
M (11)		8,92	0,62	10,03	1,5	11,14	0,97	19	8	9,5	M (11)
1/2″	12,70	9,99	0,784	11,35	12	12,68	1,03	22	9	11	1/2″
5/8″	15,88	12,92	1,31	14,40	11	15,85	1,12	27	11	13	5/8″
3/4″	19,05	15,80	1,96	17,42	10	19,02	1,24	32	13	16	3/4″
7/8″	22,23	18,61	2,72	20,42	9	22,19	1,39	36	16	18	7/8″
1″	25,40	21,34	3,58	23,37	8	25,36	1,59	41	18	20	1″
1 1/8″	28,58	23,93	4,50	26,25	7	28,53	1,83	46	20	22	1 1/8″
1 1/4″	31,75	27,10	5,77	29,43	7	31,70	1,83	50	22	25	1 1/4″
1 3/8″	34,93	29,51	6,84	32,22	6	34,87	2,16	55	24	28	1 3/8″
1 1/2″	38,10	32,68	8,39	35,39	6	38,05	2,16	60	27	30	1 1/2″
1 5/8″	41,28	34,77	9,50	38,02	5	41,21	2,65	65	30	32	1 5/8″
1 3/4″	44,45	37,95	11,31	41,20	5	44,39	2,65	70	32	35	1 3/4″
1 7/8″)	47,63	40,40	12,82	44,01	4 1/2	47,56	2,96	75	34	38	(1 7/8″)
2″	50,80	43,57	14,91	47,19	4 1/2	50,73	2,96	80	36	40	2″
2 1/4″	57,15	49,02	18,87	53,09	4	57,07	3,33	85	40	45	2 1/4″
2 1/2″	63,50	55,37	24,08	59,44	4	63,42	3,33	95	45	50	2 1/2″
2 3/4″	69,85	60,56	28,80	65,21	3 1/2	69,76	3,83	105	48	55	2 3/4″
3″	76,20	66,91	35,16	71,56	3 1/2	76,11	3,83	110	52	60	3″
3 1/4″	82,55	72,54	41,33	77,55	3 1/4	82,46	4,11	120	58	65	3 1/4″
3 1/2″	88,90	78,89	48,89	83,90	3 1/4	88,81	4,11	130	62	70	3 1/2″
3 3/4″	95,25	84,41	55,96	89,83	3	95,15	4,47	135	65	75	3 3/4″
4″	101,60	90,76	64,70	96,18	3	101,50	4,47	145	70	80	4″
4 1/4″	107,95	96,64	73,35	102,30	2 7/8	107,84	4,65	155	75	85	4 1/4″
4 1/2″	114,30	102,90	83,31	108,65	2 7/8	114,19	4,65	165	80	90	4 1/2″
4 3/4″	120,66	108,83	93,01	114,74	2 3/4	120,54	4,86	175	85	95	4 3/4″
5″	127,01	115,18	104,2	121,09	2 3/4	125,89	4,86	180	88	100	5″
5 1/4″	133,36	120,96	114,9	127,16	2 5/8	133,24	5,09	190	90	105	5 1/4″
5 1/2″	139,71	127,31	127,3	133,51	2 5/8	139,59	5,09	200	95	110	5 1/2″
5 3/4″	146,06	133,04	139,0	139,55	2 1/2	145,93	5,34	210	100	115	5 3/4″
6″	152,41	139,39	152,6	145,90	2 1/2	152,28	5,34	220	105	120	6″

1) Das Größtmaß des Außendurchmessers D der Mutter ist zahlenmäßig nicht festgelegt.
2) Diese Werte stimmen mit den Werten von DIN 11 überein. DIN 12 ist gestrichen, die Werte dieses Blattes liegen innerhalb der Grenzmaße von DIN 11₄.

Abdruck der Normenblätter des Deutschen Normenausschusses. Verbindlich für die vorstehenden Angaben bleiben die Dinormen. Normenblätter sind durch den Beuth-Vertrieb G. m. b. H., Berlin SW 68, Dresdener Str. 97, zu beziehen.

10. Whitworth-Rohrgewinde.

a) Whitworth-Rohrgewinde mit Spitzenspiegel (nach DIN 260). (Bei DIN 259 ist D zugleich der Außendurchmesser des Bolzengewindes.)

Gewindedurchm. des Bolzens d mm	9,594	12,960	16,465	20,687	22,643	26,174	29,933	32,908	37,556	41,570	43,983	47,463	—	53,407	59,274	65,371	74,845	81,195	87,546
Kerndurchm. des Bolzens d_1 mm	8,567	11,446	14,951	18,632	20,588	24,119	28,878	30,293	34,941	38,954	41,367	44,847	—	50,791	56,659	62,755	72,230	78,580	84,930
Gewindedurchm. der Mutter D mm	9,729	13,158	16,663	20,956	22,912	26,442	30,302	33,250	37,898	41,912	44,325	47,805	—	53,748	59,616	65,712	75,187	81,537	87,887

b) Gasgewinde nach Whitworth.

Lichter Rohr-durchm.	R 1/8''	R 1/4''	R 3/8''	R 1/2''	R 5/8''	R 3/4''	R 7/8''	R 1''	R 1 1/8''	R 1 1/4''	R 1 3/8''	R 1 1/2''	R 1 5/8''	R 1 3/4''	R 2''	R 2 1/4''	R 2 1/2''	R 2 3/4''	R 3''
D mm	3,175	6,350	9,525	12,700	15,875	19,050	22,225	25,400	28,574	31,749	34,924	38,099	41,274	44,449	50,799	57,149	63,449	69,849	76,199
äuß. Gewinde-durchm. Zoll engl.	0,3825	0,5180	0,6563	0,8257	0,9022	1,0410	1,1890	1,3090	1,4920	1,6500	1,7450	1,8825	2,0210	2,0470	2,3470	2,5875	3,0013	3,2470	3,4850
d mm	9,7153	13,1569	16,6697	20,9724	22,9154	26,4409	30,2000	33,2479	37,8961	41,9092	44,3221	47,8146	51,3324	51,9927	59,6126	65,7212	76,2315	82,4722	88,5173
Kern-durchm. Zoll engl.	0,3367	0,4506	0,5889	0,7342	0,8107	0,9495	1,0975	1,1925	1,3755	1,5353	1,6285	1,7660	1,9045	1,9305	2,2305	2,4710	2,8848	3,1305	3,3685
d_1 mm	8,5520	11,4450	14,9578	18,6483	20,5913	24,1168	27,8759	30,2889	34,9371	38,9502	41,3631	44,8556	48,3734	49,0337	56,6536	62,7622	73,2725	79,5132	85,5583

c) Whitworth-Rohrgewinde und Gasgewinde: Zahl der Gänge auf 1'' engl.

28	19	19	14	14	14	14	11	11	11	11	11	11	11	11	11	11	11	11

11. Normaldurchmesser für Transmissionen (nach DIN 114).

25	30	35	40	45	50	55	60
70	80	90	100	110	125	140	160 usw.

um je 20 mm zunehmend bis 500.

12. Lastdrehzahlen (nach DIN 112).

25	45	80	140	250	450	800	1400
28	50	90	160	280	500	900	1600
32	56	100	180	315	560	1000	
36	63	112	200	355	630	1120	
40	71	125	224	400	710	1250	

Abdruck der Normenblätter des Deutschen Normenausschusses. Verbindlich für die vorstehenden Angaben bleiben die Dinormen. Normenblätter sind durch den Beuth-Vertrieb G. m. b. H., Berlin SW 68, Dresdener Str. 97, zu beziehen.

13. Zahnräder (nach DIN 780).

Maße in mm   Modulreihe.

m	Sprung	m	Sprung	m	Sprung	m	Sprung	m	Sprung	m	Sprung	m	Sprung
0,3 0,4 $\vdots$ 0,9 1	0,1	1 1,25 $\vdots$ 3,75 4	0,25	4 4,5 $\vdots$ 6,5 7	0,5	7 8 $\vdots$ 15 16	1	16 18 $\vdots$ 22 24	2	24 27 $\vdots$ 42 45	3	45 50 $\vdots$ 70 75	5

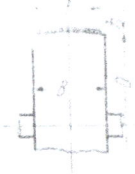

14. Riemenscheiben für Transmissionen (nach DIN 111).

Maße in mm. — Durchmesser D.

Nennmaß	Zul. Abmaß	Nennmaß	Zul. Abmaß	Nennmaß	Zul. Abmaß	Nennmaß	Zul. Abmaß
50 63	± 1	160 180 200	± 2	400 450 500	± 3	1000	± 5
80						1120 1250	
90 100 112 125 140	± 2	225 250 280 320 360	± 3	560 630 710 800 900	± 5	1400 1600 1800 2000	± 7

Riemenbreite b . . . . mm	30	40	50	60	70	85	100	120	140	170	200
Riemenscheibenbreite B . . . . . mm	40	50	60	70	85	100	120	140	170	200	230
Zulässiges Abmaß . . . . mm			— 2				— 4			— 6	
Pfeilhöhe h . . . . mm			1				1,5			2	

Riemenbreite b . . . . mm	230	260	300	350	400	450	550
Riemenscheibenbreite B . . . . . mm	260	300	350	400	450	500	600
Zulässiges Abmaß . . . . mm		— 8			— 10		
Pfeilhöhe h . . . . mm	2,5		3	3,5	4		

15. Nutzspannung k_n in kg/cm² für Treibriemen aus bestem Leder und $\alpha = 180^0$ [1]).

$\delta = $ Riemendicke in cm, $D = $ Riemenscheibendurchmesser in cm.

Riemengeschwin- digkeit in m/s	3	5	10	15	20	25	30	35	40	45
δ/D				Nutzspannung k_n in kg/cm²						
1/400	19,5	20,5	22	23	23	23	21	19	16	13
1/200	19	20	21,5	22,5	22,5	22	20	18	15	12
1/100	17	18	20	21	21	20,5	19	17	14	10,5
1/70	16	17	19	20	20	19	17,6	15,5	12,5	9
1/50	14	15,2	17	18	18	17,5	16	14	11	7,5

Bei der Mittelsorte des Leders sind 14%, bei der geringsten Sorte 32% an Breite zuzuschlagen.

---

[1]) Nach Hütte, Taschenbuch, 26. Aufl. Berlin: Ernst & Sohn 1931.

Abdruck der Normenblätter des Deutschen Normenausschusses. Verbindlich für die vorstehenden Angaben bleiben die Dinormen. Normenblätter sind durch den Beuth-Vertrieb G. m. b. H., Berlin SW 68, Dresdener Str. 97, zu beziehen.

16. Gußeiserne Flanschenrohre für Nenndruck 10, Betriebsdruck: I (W) 10 (nach DIN 2422).

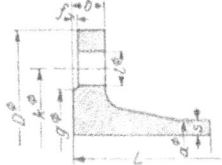

Bezeichnung: Gußeisernes Flanschenrohr 250 × 3000 DIN 2422.

Nennweite NW	Rohr			Flansch			Schrauben			Arbeitsleiste		Gewicht	
	Durchmesser a [1]	Wanddicke s	Lagerlängen L	Durchmesser D	Dicke b	Lochkreisdurchmesser k	Anzahl	Gewinde	Lochdurchmesser l	Durchmesser g	Höhe f	von 1 m Rohr ohne Flansch	eines Flanschenrohres von Lagerlänge $L=3000$ mm
mm	mm	mm	mm	mm	mm	mm		engl. Zoll	mm	mm	mm	kg/m	kg
40	55	7,5		150	18	110	4	5/8"	18	88	3	8,11	27,9
50	65	7,5		165	20	125	4	5/8"	18	102	3	9,82	34,4
(60)	76	8		175	20	135	4	5/8"	18	112	3	12,4	42,4
70	86	8	2000 und 3000	185	20	145	4	5/8"	18	122	3	14,2	48,4
80	97	8,5		200	22	160	4	5/8"	18	138	3	17,1	58,9
(90)	107	8,5		210	22	170	8	5/8"	18	148	3	19,1	65,3
100	118	9		220	22	180	8	5/8"	18	158	3	22,3	75,5
(110)	128	9		230	22	190	8	5/8"	18	168	3	24,4	81,9
125	144	9,5		250	24	210	8	5/8"	18	188	3	29,1	98,5
150	170	10		285	24	240	8	3/4"	22	212	3	36,4	122
(175)	197	11		315	26	270	8	3/4"	22	242	3	46,6	157
200	222	11		340	26	295	8	3/4"	22	268	3	52,9	178
(225)	249	12		370	26	325	8	3/4"	22	295	3	64,8	216
250	274	12		395	28	350	12	3/4"	22	320	3	71,6	241
(275)	299	12		420	28	375	12	3/4"	22	345	4	78,4	262
300	326	13	3000 und 4000	445	28	400	12	3/4"	22	370	4	92,7	305
350	378	14		505	30	460	16	3/4"	22	430	4	116	385
400	428	14		565	32	515	16	7/8"	25	482	4	132	443
450	480	15		615	32	565	20	7/8"	25	532	4	159	528
500	532	16		670	34	620	20	7/8"	25	585	4	188	625
(550)	582	16		730	36	675	20	1"	30	635	4	206	694
600	634	17		780	36	725	20	1"	30	685	5	239	795
700	738	19		895	40	840	24	1"	30	800	5	311	1043
800	842	21		1015	44	950	24	1 1/8"	33	905	5	393	1330
900	946	23		1115	46	1050	28	1 1/8"	33	1005	5	484	1622
1000	1048	24		1230	50	1160	28	1 1/4"	36	1110	5	560	1906
1100	1152	26		1340	52	1270	32	1 1/4"	36	1220	5	667	2262
1200	1256	28		1455	56	1380	32	1 3/8"	40	1330	5	783	2674

[1] Die Außendurchmesser a sind feststehende Maße; bei vergrößerter Wanddicke verringert sich entsprechend die lichte Weite. Halbrohe Sechskantschrauben mit Mutter nach DIN 418. Ausführung B. Die eingeklammerten Größen sind möglichst zu vermeiden.

Abdruck der Normenblätter des Deutschen Normenausschusses. Verbindlich für die vorstehenden Angaben bleiben die Dinormen. Normenblätter sind durch den Beuth-Vertrieb G. m. b. H., Berlin SW 68, Dresdener Str. 97, zu beziehen.

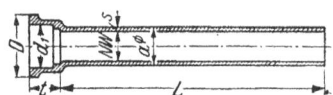

17. Gußeiserne Muffenrohre für Nenn-druck 10, Betriebsdruck: I (W) 10 (nach DIN 2432).

Maße in mm.

Bezeichnung: Gußeisernes Muffendruckrohr
250 × 4000 DIN 2432.

Nenn-weite	Rohr			Muffe			Gewicht mit γ = 7,25 kg/dm³		
	Durch-messer	Wand-dicke	Lager-längen (Bau-längen)	Durch-messer	Tiefe	Durch-messer	von 1 m Rohr ohne Muffe	eines Rohres von Lagerlänge (Baulänge) L mit Muffe	von 1 m Rohr mit Muffen-anteil
NW	a¹)	s	L	d_1	t	D	kg	kg	kg
40	55	7,5	2000 2500 3000	69	74	115	8,11	18,9 23,0 27,0	9,45 9,20 9,00
50	65	7,5	2500 3000	80	77	126	9,82	27,7 32,6	11,1 10,9
(60)	76	8	3000 3500	91	80	139	12,4	42,0 47,3	14,0 13,5
70	86	8	3000 3500	101	82	149	14,2	47,0 54,1	15,7 15,5
80	97	8,5	3500 4000	112	84	162	17,1	64,9 73,5	18,5 18,4
(90)	107	8,5	3500 4000	122	86	172	19,1	72,6 82,1	20,7 20,5
100	118	9	3500 4000	133	88	183	22,3	84,3 95,4	24,1 23,9
125	144	9,5	4000	159	91	211	29,1	124	31,0
150	170	10	4000 5000	185	94	239	36,4	156 192	39,0 38,4
(175)	197	11	4000 5000	212	97	268	46,6	198 245	49,5 49,0
200	222	11	4000 5000	238	100	296	52,9	226 279	56,5 55,8
225	249	12	4000 5000	265	100	325	64,8	276 341	69,0 68,2
250	274	12	4000 5000	291	103	353	71,6	306 378	76,5 75,6

Die eingeklammerten Größen sind möglichst zu vermeiden. Genormt bis $NW = 1200$ mm.
¹) Die Außendurchmesser a sind feststehende Maße; bei vergrößerter Wanddicke ver-ringert sich entsprechend die lichte Weite. Gußeisenmuffen nach DIN 2437. Ausführung: Innen und außen asphaltiert

18. Nahtlose Flußstahlrohre (nach DIN 2448).

(Leitungs- und Konstruktionsrohre)

D mm	s mm	F cm²	J cm⁴	W cm³	G kg/m	D mm	s mm	F cm²	J cm⁴	W cm³	G kg/m
108 (4¼'')	6	19,2	251	46,5	15,1	191 (7½'')	8	46,0	1930	202	36,1
	7	22,2	285	52,7	17,4		9	51,5	2140	224	40,4
	8	25,1	316	58,5	19,7		10	56,9	2340	245	44,6
133 (5¼'')	6	23,9	484	72,7	18,8		11	62,2	2530	265	48,8
	7	27,7	552	82,9	21,8		12	67,5	2710	284	53,0
	8	31,4	616	92,6	24,7	216 (8½'')	8	52,3	2830	262	41,0
	9	35,1	677	102	27,5		9	58,5	3140	291	45,9
159 (6¼'')	7	33,4	967	122	26,2		10	64,7	3440	319	50,8
	8	38,0	1080	136	29,8		11	70,8	3730	346	55,6
	9	42,4	1200	151	33,3		12	76,9	4010	372	60,4
	10	46,8	1300	164	36,7						

19. Nahtlose Flußstahlrohre (handelsüblich) (nach DIN 2449).

Flußstahl St 00.29 DIN 1629 für Nenndruck 1 bis 25.
Betriebsdrücke: I (W) 1 bis I (W) 25; II (G) 1 bis II (G) 20 [1]). Rohrleitungen.
Bezeichnung: Nahtloses Rohr 108 × 3,75 DIN 2449.

Nenn-weite	Außen-durch-messer	Nenndruck ND 1 bis 25		Nenn-weite	Außen-durch-messer	Nenndruck ND 1 bis 25	
		Betriebsdrücke [2]) I (W) 1 bis I (W) 25 II (G) 1 bis II (G) 20				Betriebsdrücke [2]) I (W) 1 bis I (W) 25 II (G) 1 bis II (G) 20	
NW		Wand-dicke	Gewicht kg/m mit $\gamma=$	NW		Wand-dicke	Gewicht kg/m mit $\gamma=$
mm	mm	mm	7,85 kg/dm³	mm	mm	mm	7,85 kg/dm³
4	8	1,5	0,240	125	133	4	12,7
6	10	1,5	0,314	(130)[3])	140	4,5	15,0
8	12	1,5	0,388	(140)	152	4,5	16,4
10	14	2	0,592	150	159	4,5	17,2
13	18	2	0,789	(160)	171	4,5	18,5
(16)	22	2	0,987	(175)	191	5,5	25,2
20	25	2	1,13	200	216	6,5	33,6
25	30	2,5	1,70	(225)	241	6,5	37,6
32	38	2,5	2,19	250	267	7	44,9
40	44,5	2,5	2,59	(275)	292	7,5	52,6
50	57	2,75	3,68	300	318	8	61,2
(60)	70	3	4,96	(325)	343	8	66,1
70	76	3	5,40	350	368	8	71,0
80	89	3,25	6,87	(375)	394	9	85,5
(90)	102	3,75	9,09	400	419	10	101
100	108	3,75	9,64				
(110)	121	4	11,5				
(120)[3])	127	4	12,1				

Die eingeklammerten Größen möglichst vermeiden.
Bestellung nach Außendurchmesser und Wanddicke, nicht nach Nennweite. Lieferart:
In wechselnden Herstellungslängen, genaue Längen sind besonders vorzuschreiben.

20. Flußstahlgewinderohre. Gasrohre (nach DIN 2440) und verstärkte Gewinderohre (Dampfrohre) (nach DIN 2441).

Bezeichnung: Nahtloses Gasrohr 2″ DIN 2440, nahtloses verstärktes
Gewinderohr 2″ DIN 2441 [4]).

Nennweite		Außen-durchmesser ≈	Gasrohre DIN 2440		Dampfrohre DIN 2441	
			Wanddicke ≈	Gewicht [5])	Wanddicke ≈	Gewicht [5])
Zoll	mm	mm	mm	kg/m	mm	kg/m
$1/8''$	6	10	2	0,395	2,5	0,462
$1/4''$	8	13,25	2,25	0,610	2,75	0,712
$3/8''$	10	16,75	2,25	0,805	2,75	0,950
$1/2''$	15	21,25	2,75	1,25	3,25	1,44
$3/4''$	20	26,75	2,75	1,63	3,5	2,01
$1''$	25	33,5	3,25	2,42	4,0	2,91
$1 1/4''$	32	42,25	3,25	3,13	4,0	3,77
$1 1/2''$	40	48,25	3,5	3,86	4,25	4,61
$2''$	50	60	3,75	5,20	4,5	6,16
$2 1/2''$	70	75,5	3,75	6,64	4,5	7,88
$3''$	80	88,25	4	8,31	4,75	9,78
$(3 1/2'')$	(90)	101	4,25	10,1	5,0	11,8
$4''$	100	113,5	4,25	11,5	5,0	13,4
$5''$	125	139	4,5	14,9	5,5	18,1
$6''$	150	164,5	4,5	17,8	5,5	21,6

Die eingeklammerte Größe ist möglichst zu vermeiden.

[1]) Handelslängen: 4 bis 7 m.   [2]) Nicht für Heißdampf.   [3]) Nur für Heizungsindustrie.
[4]) Ausführung: Nahtlos von Nennweiten $1/8''$ bis einschl. 6″, stumpf geschweißt von
Nennweiten $1/8''$ bis einschl. 2″. Flußstahl St 00.29 DIN 1629.
[5]) Des glatten Rohres.

21. Druckstufen für Rohrleitungen (nach DIN 2401).

Nenndruck ND	1	2,5	6	10	16	20	25	32	40	50	64	80	100	atü
Größter zulässiger Betriebsdruck für I (W) für Flüssigkeiten, Gase und Dämpfe bis 120°, Flansche und Rohre	1	2,5	6	10	16	20	25	32	40	50	64	80	100	"
II (G) für Flüssigkeiten, Gase und Dämpfe bis 300°, Flansche und Rohre	1	2	5	8	13	16	20	25	32	40	50	64	80	"
III (H) für Flüssigkeiten, Gase und Dämpfe bis 400° } Flansche	—	—	—	—	13¹)	—	20	—	32	—	40	—	64	
} Rohre	—	—	—	—	10	13	16	20	25	32	40	50	64	
Probedruck	2	4	10	16	25	32	40	50	60	75	96	120	150	

¹) Für Heißdampfbetriebsdruck 13 sind Armaturen und Formstücke nicht genormt. Empfohlen werden dafür solche für Nenndruck 25.

22. Anschlußmaße der Flanschen für Rohrleitungen (nach DIN 2501, 2502, 2503).

Die Abb. ist nur für die Anordnung, aber nicht für die Anzahl der Schrauben maßgebend.

NW	ND 1 bis 6 — D mm	k mm	Anz.	Gew. Zoll	l mm	ND 10 — D mm	k mm	Anz.	Gew. Zoll	l mm	ND 16 — D mm	k mm	Anz.	Gew. Zoll	l mm	ND 25 — D mm	k mm	Anz.	Gew. Zoll	l mm	ND 40 — D mm	k mm	Anz.	Gew. Zoll	l mm
(I (W) 1 bis 6, II (G) 1 bis 5)						**(I (W) 8, II (G) 8)**					**(I (W) 13, III (H) 13)**					**(I (W) 20, II (G) 20, III (H) 20)**					**(I (W) 40, II (G) 32, III (H) 32)**				
25	100	75	4	M10	11,5	115	85	4	1/2"	15	115	85	4	1/2"	15	115	85	4	1/2"	15	115	85	4	1/2"	15
32	120	90	4	1/2"	15	140	100	4	5/8"	18	140	100	4	5/8"	18	140	100	4	5/8"	18	140	100	4	5/8"	18
40	130	100	4	1/2"	15	150	110	4	5/8"	18	150	110	4	5/8"	18	150	110	4	5/8"	18	150	110	4	5/8"	18
(50)	140	110	4	1/2"	15	165	125	4	5/8"	18	165	125	4	5/8"	18	165	125	8	5/8"	18	165	125	8	5/8"	18
(60)	150	120	4	1/2"	15	175	135	4	5/8"	18	175	135	4	5/8"	18	175	135	8	5/8"	18	175	135	8	5/8"	18
(70)	160	130	4¹)	1/2"	15	185	145	4	5/8"	18	185	145	4	5/8"	18	185	145	8	5/8"	18	185	145	8	5/8"	18
80	190	150	8	5/8"	18	200	160	8	5/8"	18	200	160	8	5/8"	18	200	160	8	3/4"	22	200	160	8	3/4"	22
(90)	200	160	8	5/8"	18	210	170	8	5/8"	18	210	170	8	5/8"	18	225	180	8	3/4"	22	225	180	8	3/4"	22
(100)	210	170	8	5/8"	18	220	180	8	5/8"	18	220	180	8	5/8"	18	235	190	8	3/4"	22	235	190	8	3/4"	22
(110)	230	190	8	5/8"	18	230	190	8	5/8"	18	230	190	8	3/4"	22	245	200	8	3/4"	22	245	200	8	3/4"	22
125	240	200	8	5/8"	18	250	210	8	5/8"	22	250	210	8	3/4"	22	270	220	8	7/8"	25	270	220	8	7/8"	25
(140)	255	215	8	5/8"	18	265	225	8	5/8"	22	265	225	8	3/4"	22	290	240	8	7/8"	25	290	240	8	7/8"	25
150	265	225	8	5/8"	18	285	240	8	3/4"	22	285	240	8	3/4"	22	300	250	12	7/8"	25	300	250	12	7/8"	25
(160)	275	235	8	5/8"	18	295	250	8	3/4"	22	295	250	8	3/4"	22	310	260	12	7/8"	25	325	270	12	1"	28
(175)	295	255	8	5/8"	18	315	270	8	3/4"	22	315	270	8	3/4"	22	330	280	12	7/8"	25	350	295	12	1"	28
200	340	295	8	3/4"	22	340	295	8	3/4"	22	340	295	12	3/4"	25	360	310	12	7/8"	25	375	320	12	1"	32
(225)	370	325	8	3/4"	22	370	325	8	7/8"	22	370	325	12	3/4"	25	395	340	12	1"	28	420	355	16	1 1/8"	32
250	395	350	12	3/4"	22	395	350	12	7/8"	25	405	355	12	7/8"	25	425	370	12	1"	28	450	385	16	1 1/8"	32
(275)	420	375	12	3/4"	22	420	375	12	7/8"	25	435	385	16	7/8"	25	455	400	16	1"	28	480	415	16	1 1/8"	35
300	445	400	12	3/4"	22	445	400	12	7/8"	25	460	410	16	7/8"	25	485	430	16	1"	32	515	450	16	1 1/4"	35
(325)	475	430	16	3/4"	22	475	430	16	1"	25	490	440	16	1"	25	525	460	16	1 1/8"	32	550	480	16	1 1/4"	35
350	505	460	16	3/4"	22	505	460	16	1"	28	520	470	16	1"	28	555	490	16	1 1/8"	32	580	510	16	1 1/4"	35
(375)	540	490	16	3/4"	22	540	490	16	1"	28	555	500	20	1"	28	595	525	20	1 1/8"	32	625	550	16	1 3/8"	38
400	565	515	16	3/4"	22	565	515	16	1"	28	580	525	20	1"	28	620	550	20	1 1/8"	35	660	585	16	1 3/8"	38
450	615	565	20	3/4"	22	615	620	20	1"	28	640	585	20	1"	28	670	600	20	1 1/4"	35	—	—	—	—	—
500	670	645	20	3/4"	22	670	620	20	1 1/8"	32	715	650	20	1 1/8"	32	730	660	20	1 1/4"	35	—	—	—	—	—

Die eingeklammerten Größen sind möglichst zu vermeiden. — ¹) Für Ölleitungen werden 8 Schrauben empfohlen. Druckstufen nach DIN 2401. — Abdruck der Normenblätter des Deutschen Normenausschusses. Verbindlich für die vorstehenden Angaben (Maßen u. Toleranzen Normenblätter sind durch den Beuth-Verlag G. m. b. H., Berlin SW 68, Dresdner Str. 97, zu beziehen.

Sechster Abschnitt: Dampferzeugungsanlagen.

1. Mittlere Werte für B/F_r und q_r.

Rostart	Unterer Heizwert kcal/kg	Rostbelastung kg/m³h	Rostwärme-belastung 10^6 kcal/m²h
Steinkohlenroste:			
Starrer Planrost	7500	80÷100	0,6 ÷0,7
Wanderrost ohne Unterwind	7500	100÷200	0,75÷0,9
Wanderrost mit Unterwind	7500	120÷160	0,9 ÷1,2
Zonenwanderrost	7500	180÷200	1,35÷1,5
Unterschubrost (Stoker)	7500	200÷240	1,5 ÷1,8
Rückschubrost	2500	700÷800	1,8 ÷2,0
Braunkohlenroste:			
Starrer Treppen- und Muldenrost . .	2300	200÷300	0,46÷0,69
Mech. Treppenrost (Vorschubrost) . .	2300	350÷450	0,65÷0,9
Mech. Muldenrost	2300	350÷450	0,65÷0,9

2. Mittlere Werte für D/F_k (bezogen auf Normaldampf).

Kesselbauart	Heizflächenbelastung kg/m²h
Flammrohrkessel	20÷23
Lokomobilkessel	14÷20
Lokomotivkessel	40÷50
Schiffskessel	25÷50
Wasserrohrkessel	25÷40
Wasserrohrkessel mit Strahlungsheizfläche	40÷80
Strahlungskessel	80 und mehr

3. Ungefähre Werte der Breitenleistungen für B/b und D/b. (Nach Münzinger.)[1]

Rostart	B/b in t/m h	D/b in t/m h	
Starrer Treppenrost ohne Unterwind . .	1,0	3,0	
Mech. Schrägrost mit Unterwind	3,0	9,3	
Doppelrost mit Unterwind	3,5	11,0	
Muldenrost mit Unterwind	2,8	8,8	Braunkohle
Rückschubrost mit Unterwind	4,0	7,5	
Wanderrost	3,6	11,0	
Mühlenfeuerung	5,6	15	
Wanderrost mit Unterwind	2 bis 3	17 bis 20	
Unterschubrost	2 bis 3	17 bis 20	
Rückschubrost	bis 1,7	bis 15	Steinkohle
Staubfeuerung	2,3	20	

4. Ungefähre Werte der Feuerraumwärmebelastungen[1].

Feuerung	Feuerraumwärmebelastung in 1000 kcal/m²h
Unterwind-Wanderroste und Unterschubroste für Steinkohle	
ohne Kühlfläche	200 bis 225
mit Kühlfläche	300 „ 450
Unterwind-Wanderroste und Muldenroste für Braunkohle .	300 „ 450
Kohlenstaubfeuerung ohne Kühlfläche	100 „ 150
Kohlenstaubfeuerung mit teilweiser Kühlfläche	150 „ 200
Kohlenstaubfeuerung mit vollständiger Kühlfläche	200 „ 250
Kohlenstaubfeuerung mit vollständiger Kühlfläche und Ecken-	
feuerung	300 „ 350
Kohlenstaubfeuerung für Lokomotiven	1000 „ 1500
Öl- und Gasfeuerungen	bis 8000

[1] Münzinger: Dampfkraft. 2. Aufl. Berlin: Julius Springer.

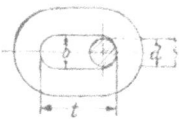

Siebenter Abschnitt: Hebe- und Fördermittel.

1. Lehrenhaltige Ketten für Hebezeuge (nach DIN 765).
(Flußstahl.)
Bezeichnung: ... m Kette 16 DIN 765.

Nennglied-dicke d mm	Innere Breite b mm	Teilung t mm	Nutzlast kg	Gewicht [1] für 1 m kg	Verwendung
5	8	18,5	175	0,5	Handketten
6	8	18,5	250	0,72	
7	8	22	350	1	
8	9,5	24	500	1,3	
9,5	11	27	750	1,9	
11	13	31	1000	2,7	
13	16	36	1500	3,75	Lastketten
16	19	45	2500	5,8	
18	22	50	3060	7,3	
20	25	56	3780	9	
23	28	64	5000	12	

2. Werte für $e^{\mu\alpha}$. Reibungszahlen der Backenbremsen.

Werkstoff u. Belag d. Backe		Trocken	Gefettet	Werkstoff u. Belag d. Backe	Trocken	Gefettet
Gußeisen (o. Belag) .	$\mu =$	0,18÷0,20	0,10÷0,15	Gußeisen oder Holz mit		
Holz (ohne Belag) . .	$\mu =$	0,30÷0,40	0,15÷0,25	Ferodofibre . . . . $\mu =$	0,50÷0,60	0,30÷0,50

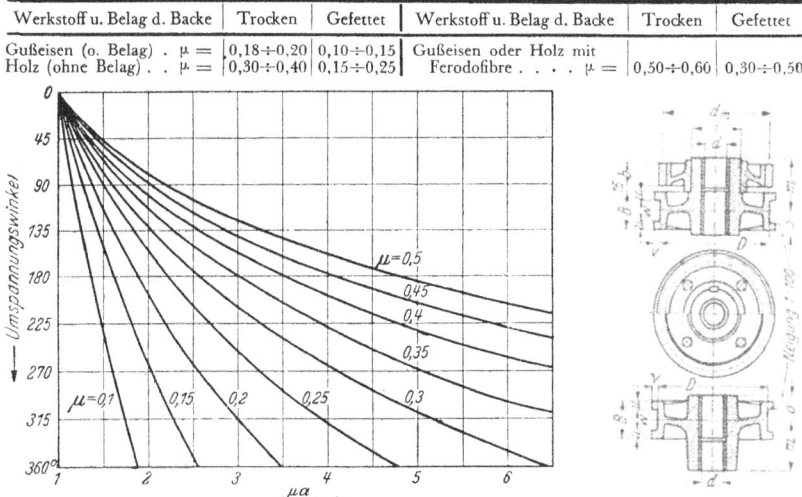

3. Laufräder (nach DIN 4005) mit zweiseitigem Spurkranz und ungleichseitiger Nabe.
Maße in mm.

Lauf-rad-durch-messer D	Schie-nen-breite	Bolzen-durch-messer d	Spurkranz				Nabe			Zahnkranz			
			B	v	u	w	m	o	i	Zähne-zahl z	Mo-dul	Teilkreis-durch-messer dm	Zahn-breite b
200	45	45/50	85	15	15	55	110	45	100	40	5	200	45
250	45	50/55	85	15	15	55	120	50	110	50	5	250	50
300	45	55/60	90	15	17,5	55	130	60	120	50	6	300	50

[1]) Die angegebenen Gewichte sind unverbindlich.

4. Sechslitzige Drahtseile für Krane, Aufzüge, Flaschenzüge und ähnliche Zwecke (nach DIN 655).

Seilquerschnitte: Fig. A, B, C.

Bezeichnung eines Drahtseiles mit 20 mm Nenndurchmesser aus 6 Litzen je 37 Drähten von 0,9 mm Durchmesser mit Zugfestigkeit 160 kg/mm²: Drahtseil 20 B 160 DIN 655 [1]).

Ausführung	Seil-Nenn-durch-messer d mm	Draht-durch-messer δ mm	Metallischer Gesamt-querschnitt des Seiles F mm²	Gewicht für 1 m g kg	Zugfestigkeit des Einzeldrahtes kg/mm²		
					130	160	180
					Rechnerische Bruchbelastung des Seiles kg		
A 6×19=114 Drähte und 1 Fasereinlage	6,5	0,4	14,3	0,135	1860	2290	2570
	8	0,5	22,4	0,21	2910	3580	4030
	9,5	0,6	32,2	0,30	4190	5150	5800
	11	0,7	43,9	0,41	5700	7020	7900
	13	0,8	57,3	0,54	7450	9170	10310
	14	0,9	72,5	0,68	9430	11600	13050
	16	1,0	89,4	0,85	11530	14320	16110
	17	1,1	108,3	1,02	14080	17330	19490
	19	1,2	128,9	1,22	16760	20620	23300
	20	1,3	151,3	1,43	19670	24190	27230
	22	1,4	175,5	1,66	22820	28060	31590
B 6×37=222 Drähte und 1 Fasereinlage	9	0,4	27,9	0,26	3630	4460	5020
	11	0,5	43,6	0,41	5670	6980	7850
	13	0,6	62,8	0,59	8160	10050	11300
	15	0,7	85,4	0,81	11100	13660	15370
	18	0,8	111,6	1,06	14510	17860	20090
	20	0,9	141,2	1,34	18360	22590	25420
	22	1,0	174,4	1,65	22670	27900	31390
	24	1,1	211,0	2,00	27430	33750	37980
	26	1,2	251,1	2,38	32640	40180	45200
	28	1,3	294,7	2,80	38310	47150	53050
	31	1,4	341,7	3,24	44420	54670	61510
	33	1,5	392,3	3,72	51000	62770	70610
	35	1,6	446,4	4,24	58030	71420	80350
	37	1,7	503,9	4,78	65510	80620	90700
	39	1,8	564,9	5,36	73440	90380	101680
	42	1,9	629,4	5,97	81820	100700	113290
	44	2,0	697,4	6,62	90660	111600	125530
C 6×61=366 Drähte und 1 Fasereinlage	20	0,7	140,9	1,33	18320	22540	25360
	22	0,8	183,9	1,74	23900	29420	33100
	25	0,9	232,8	2,21	30260	37250	41900
	28	1,0	287,5	2,73	37380	46000	51750
	31	1,1	347,8	3,30	45210	55650	62600
	34	1,2	413,9	3,93	53800	66200	74500
	36	1,3	485,8	4,61	63150	77730	87440
	39	1,4	563,4	5,35	73240	90140	101410
	42	1,5	646,8	6,14	84080	103490	116420
	45	1,6	735,9	6,99	95670	117740	132460
	48	1,7	830,7	7,89	107990	132910	149530
	51	1,8	931,4	8,84	121080	149020	167650
	53	1,9	1037,7	9,85	134900	166030	186790
	56	2,0	1149,8	10,92	149470	183970	206960

[1]) Die Seile werden blank, in Kreuzschlag und rechtsgängig geliefert, wenn nicht verzinkt, Gleichschlag oder linksgängig besonders vorgeschrieben wird. In diesem Falle müßte die Bezeichnung lauten: *Drahtseil 20 BG 1 verzinkt 160 DIN 655*. Die Seildurchmesser und Metergewichte dürfen um ± 5 v. H. vom Nennwert abweichen. Die rechnerische Bruchbelastung des Seiles ist das Produkt aus dem metallischen Gesamtquerschnitt des Seiles und der vorgeschriebenen Zugfestigkeit der Drähte. Die ermittelte Bruchbelastung des Seiles darf die angegebene rechnerische Bruchbelastung nicht unterschreiten, sie darf sie überschreiten bei Seilen aus Drähten bis einschließlich 0,7 mm um 15 vH, bei Seilen aus dickeren Drähten um 10 vH.

Ausführung: Seile aus Drähten mit 130 und 160 kg/mm² Zugfestigkeit werden blank oder verzinkt, solche aus Drähten mit 180 kg/mm² Zugfestigkeit nur blank geliefert.

Werkstoff: Stahldraht mit 130 bis 180 kg/mm² Zugfestigkeit.

Abdruck der Normenblätter des Deutschen Normenausschusses. Verbindlich für die vorstehenden Angaben bleiben die Dinormen. Normenblätter sind durch den Beuth-Vertrieb G. m. b. H., Berlin SW 68, Dresdener Str. 97, zu beziehen.

5. Geschlossene Gleichstrom-Kranmotoren der SSW
Nennleistung (kW) und Nenndreh-

Type hOG	70			90			140			160		
Kennzeichen	A	A	A	A	A	A	A	A	A	A	A	A ,
15 vH { kW	3,6	5,4	8,3	7,3	9,7	14	9,4	14	19,5	12,5	18,5	25
ED. { n/min	575	840	1250	685	875	1270	460	665	950	445	630	850
25 vH { kW	3.2	4,6	7	6,3	8,4	12	8	12	17	11	16	21
ED. { n/min	665	915	1360	750	940	1360	510	725	1025	490	685	900
40 vH { kW	2,9	4,1	6,3	5,6	7,5	10,5	7,2	10,5	15	9,8	14	18,5
ED. { n/min	740	985	1470	815	1030	1440	550	770	1070	525	730	950
Motorgewicht netto kg	170			245			410			530		

6. Geschlossene, oberflächengekühlte Drehstrom-Kranmotoren mit
Nennleistung (kW) und Nenndreh-

Type hoR	15% Einschaltdauer				25% Einschaltdauer			
	kW	n/min	M_k/M_n [1]	Ständerstrom bei 380 V $\approx$ A	kW	n/min	M_k/M_n [1]	Ständerstrom bei 380 V $\approx$ A
37 n—4	2,4	1380	2,5	5,7	2,2	1390	2,6	5,3
47 s—4	5,0	1380	1,8	13,5	4,2	1400	2,0	11,0
47 n—4	6,3	1380	1,9	16,5	5,4	1400	2,0	15,0
67 n—4	8,0	1430	2,0	21,5	7,4	1450	2,1	20,0
37 n—6	1,5	900	2,7	4,2	1,3	900	2,8	3,7
37 b—6	2,0	910	2,8	5,4	1,7	920	2,9	4,6
47 s—6	3,8	920	1,8	11,0	3,2	930	1,8	9,0
47 n—6	4,7	920	1,8	13,5	4,0	930	1,9	11,5
57 n—6	6,0	920	1,9	16,0	5,4	940	2,0	14,5
67 n—6	7,2	930	1,9	20,0	6,8	950	2,0	18,5
			I_A/I_N [2]				I_A/I_N [2]	
671—4 D	12,5	1385	3,0	31,0	11,5	1390	3,0	28,0
771—4 D	19,0	1390	3,0	46,0	17,0	1395	3,0	40,5
971—4 D	26,0	1395	3,0	61,0	23,0	1400	3,0	53,0
1171—4 D	34,0	1395	3,5	79,0	31,0	1400	3,5	71,0
1271—4 D	46,0	1400	3,5	104,0	42,0	1405	3,5	94,0
1371—4 D	63,0	1400	3,5	140,0	57,0	1405	3,5	125,0

[1] M_k = Kippmoment. M_n = Nennmoment.

[2] I_A = Anlaufstrom. I_N = Nennstrom.

mit Reihenschlußwicklung für 440 V (Auszug).

zahl (n/min) bei 15, 25 und 40 vH ED.

180			230			240		250			270	
A	A	A	A	A	A	B	B	B	B	B	C	C
17 390	17 565	35 725	22 335	37 520	47 660	57 630	68 745	57 475	71 590	92 770	105 520	135 670
15 420	23,5 640	30 775	19 360	31 540	40 700	49 655	57 790	48 500	60 625	78 815	90 550	115 700
13 455	20,5 645	26 810	17 385	27,5 580	35 730	43 690	51 830	42 520	52 645	68 845	76 590	95 735
750			1000			1320		1590			2470	

Kurzschlußläufer und Frequenz 50 Per/s, Form B 3 (Auszug).

zahl (n/min) bei 15, 25 und 40 vH ED.

	40% Einschaltdauer			Motorgewicht netto	Höchste zul. Drehzahl	Schwung- moment GD^2
kW	n/min	M_k/M_n [1])	Ständer- strom bei 380 V $\approx A$	kg	n/min	kg/m²
2,0	1400	2,9	4,7	38		0,029
3,4	1410	2,2	10,0	58		0,073
4,4	1410	2,2	12,5	70		0,098
6,7	1450	2,2	18,5	115		0,283
1,1	920	2,9	3,1	38		0,0354
1,5	930	3,0	4,1	45	3000	0,0485
2,5	940	2,0	8,0	58		0,100
3,3	940	2,0	10,5	70		0,135
4,5	945	2,0	13,0	85		0,232
6,0	950	2,0	17,0	115		0,358
		I_A/I_N [2])				
10,0	1400	3,0	24,0	124		0,43
14,5	1405	3,0	34,0	158		0,65
20,0	1410	3,0	45,5	215		1,10
26,0	1410	3,5	59,0	280	3000	1,70
36,0	1415	3,5	80,0	370		2,10
48,0	1415	3,5	104,0	470		3,10

Konstruktionsblatt.

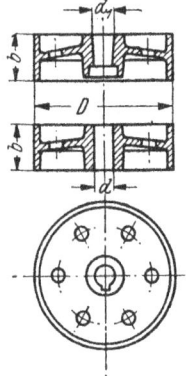

7. Bremsscheiben für Hebemaschinen (nach DIN 4003).

Maße in mm.

Durch-messer D	Breite b	Bohrung	
		zylindrisch d	kegelig d_1
200	65	20 bis 40	—
250	80	30 „ 50	45 bis 50
320	100	40 „ 65	50 „ 65
400	125	50 „ 75	55 „ 70
500	160	60 „ 90	65 „ 90
640	200	70 „ 100	80 „ 100
800	250	80 „ 125	100 „ 125
1000	320	90 „ 140	125 „ 140

Fehlende Maße sind Konstruktionsmaße. Wird eine andere als die der Bremsscheibe zugeordnete Breite benötigt, so ist diese aus der Breitenreihe der Tabelle zu wählen.

Keilnuten für zylindrische Bohrung nach DIN 141. Keilnuten für kegelige Bohrung nach DIN 496. Werkstoff: Stahlguß oder Gußeisen, je nach Verwendungszweck.

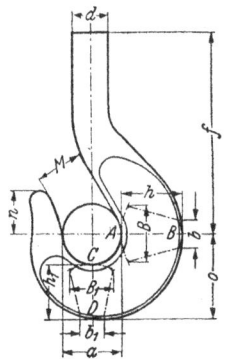

8. Kurzer Haken für normale Unterflaschen (nach DIN 687). (Rohling.)

Maße in mm.

Anordnung des Hakens.

Trag-kraft[1] kg	Maul		Schaft		Schnitt A—B			Schnitt C—D						Ge-wicht kg
	Durch-messer a	Weite M	d	Kerndurch-messer des Gewindes	h	B	b	h_1	B_1	b_1	f	o	n	
1000	50	40	32	20,5	50	35	15	45	32	23	215	70	50	3,5
2500	70	55	45	31	70	55	20	60	48	30	265	95	60	8
5000	90	70	60	42,5	100	80	30	85	65	40	320	130	75	19,5
7500	104	85	70	50,5	115	95	35	103	75	45	375	155	85	31,5
10000	120	95	80	56,5	130	110	40	115	85	50	430	175	95	47
15000	140	115	95	65	150	130	50	130	100	60	510	200	105	75
20000	160	130	110	74,5	170	145	60	150	115	70	585	230	120	112
25000	180	145	120	82,5	190	160	65	165	125	80	650	255	135	145
30000	200	160	125	89	205	175	70	180	140	85	700	280	150	185
40000	220	180	135	101	230	200	80	200	155	95	780	310	165	260
50000	240	195	150	112	255	220	90	220	170	105	840	340	180	340

(Kleinstmaß)

[1] Größte zulässige Betriebslast.
Die Gewichte sind unverbindlich. Werkstoff: St C 25 · 61.

Abdruck der Normenblätter des Deutschen Normenausschusses. Verbindlich für die vorstehenden Angaben bleiben die Dinormen. Normenblätter sind durch den Beuth-Vertrieb G. m. b. H., Berlin SW 68, Dresdener Str. 97, zu beziehen.

9. Laufkrane für elektrischen Antrieb der Demag A.-G., Duisburg.

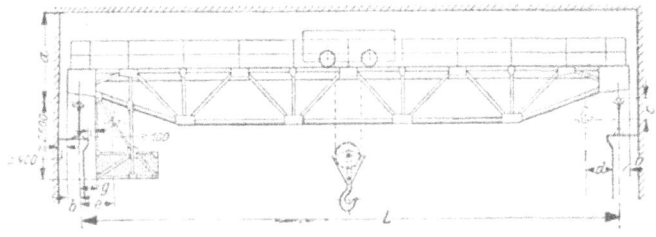

Tragkraft t	Stützweite L m	a mm	b mm	c mm	d mm	e mm	g mm	h (Radstand) mm	Gesamtlänge des Kopfträgers mm	Raddruck[1] mm	Schienenbreite[1] mm	Heben m/Min.	Heben PS	Hilfsheben m/Min.	Hilfsheben PS	Katzfahren m/Min.	Katzfahren PS	Kranfahren m/Min.	Kranfahren PS	der Katze t	vollst. Krans ohne Hilfshub t	mit Hilfshub t
	10							2400	3400	6,0	45							125			10,0	
	14	1600		400				2600	3600	6,5	45							105			12,0	
5	20		200		850	750	400	3000	4000	7,5	45	7,5	12	—	—	30	2,0	90	10	2,8	15,5	—
	26	1700		300				3600	4600	8,5	55							80			20,2	
	30							4000	5000	9,0	55							70			23,7	
	10							2600	3700	7,5	45							100			11,2	
	14	1700		400				2600	3700	8,1	55							90			13,4	
7,5	20		220		900	800	400	3000	4100	9,2	55	7,5	19	—	—	30	3,5	75	10	3,0	17,2	—
	26	1800		300				3600	4700	10,3	55							70			22,5	
	30							4000	5100	11,3	55							60			26,6	
	10							2800	4000	9,0	55							110			13,0	15,0
	14	1800		400				2800	4000	9,7	55							100			15,1	17,3
10	20		230		950	1000	400	3000	4200	10,9	55	9	28	13	12	30	4,5	85	14	4,0	19,6	21,8
	26	1900		300				3600	4800	12,2	65							75			25,6	27,7
	30							4000	5200	13,4	65							65			30,0	32,2
	10							3200	4400	12,2	55							110			16,2	18,3
	14	2100		400				3200	4400	13,1	55							100			19,1	21,2
15	20		250		1000	1100	500	3200	4400	14,6	65	8,8	44	13	12	30	5,5	85	20	5,0	24,5	26,6
	26	2200		300				3600	4900	16,2	65							80			30,8	33,0
	30							4000	5300	17,4	65							75			36,0	38,0
	10							3400	4700	15,3	65							105			18,5	21,0
	14	2150		500				3400	4700	16,0	65							95			21,5	24,1
20	20		275		1050	1100	600	3400	4700	17,9	65	6,6	44	12	19	30	7,5	80	20	5,8	27,5	30,0
	26	2250		400				3600	4900	19,7	65							70			35,0	37,5
	30							4000	5300	20,9	75							65			40,0	42,8
	10							4000	5200	20,6	75							100			22,9	26,0
	14	2300		700				4000	5200	22,0	75							95			26,5	29,6
30	20		300		1200	1150	600	4000	5300	24,1	75	4,4	44	11,5	28	30	10	85	32	8,0	33,0	36,2
	26	2400		600				4000	5300	26,1	75							80			40,7	44,0
	30							4000	5500	27,6	75							75			46,7	50,0
	10							4200	5500	31,8	90							90			32,0	36,9
	14	2600		800				4200	5500	33,7	90							85			36,1	41,1
50	20		350		1400	1500	600	4200	5500	36,6	90	3,3	56	13	44	26	14	75	42	11,0	44,2	49,3
	26	2700		700				4200	5600	39,4	100							70			54,8	60,0
	30							4200	5800	41,3	100							65			62,8	68,0
	10							4600	6100	45,0	100							80			42,3	48,3
	14	3000		1000				4600	6100	48,4	120							75			48,2	54,4
75	20		400		1500	1600	600	4600	6100	52,7	120	2,6	66	9	44	18	14	70	58	20,0	60,3	66,4
	26	3100		900				4600	6300	56,7	120							65			75,5	81,6
	30							4600	6300	59,7	120							60			86,8	93,0

[1]) Für Laufkräne mit 4 Laufrädern. Der erste Teil der Tabelle ist ein Auszug aus den DIN 698, Bl. 1 und 2.
Bremskraft in Fahrtrichtung: $1/7$ der Belastung aller gebremsten Räder.
Waagrechte Seitenkraft rechtwinklig zur Fahrtrichtung: $1/10$ der diese Fahrbahnseite betreffenden Radlasten, wenn Katze mit Last in ungünstiger Stellung (nach DIN 120).

Achter Abschnitt: Elektrotechnik [1]).

1. Belastungstafel für gummiisolierte Leitungen mit Kupfer- und Aluminiumleitern.

(Auszug aus VDE 0100/XII. 40.)

Nennquerschnitt des Kupferleiters mm²	Bei fester Verlegung in Rohr				Bei fester Verlegung in Luft				Für bewegliche Leitungen	
	höchste dauernd zulässige Stromstärke für jeden Leiter A		Nennstromstärke für entsprechende Schmelzsicherung A		höchste dauernd zulässige Stromstärke für jeden Leiter A		Nennstromstärke für entsprechende Schmelzsicherung A		höchste dauernd zulässige Stromstärke für jeden Leiter A	Nennstromstärke für entsprechende Schmelzsicherung A
	Cu	Al	Cu	Al	Cu	Al	Cu	Al	Cu	Cu
0,75	—	—	—	—	—	—	—	—	14	10
1	12	—	6	—	—	—	—	—	17	10
1,5	16	—	10	—	—	—	—	—	21	15
2,5	21	17	15	10	—	—	—	—	27	20
4	27	22	20	15	—	—	—	—	35	25
6	35	28	25	20	—	—	—	—	48	35
10	48	38	35	25	—	—	—	—	66	60
16	66	53	60	35	—	—	—	—	90	80
25	90	72	80	60	—	—	—	—	110	100
35	110	90	100	80	—	—	—	—	140	125
50	140	110	125	100	—	—	—	—	175	160
70	175	140	160	125	230	185	200	160	215	200
95	215	175	200	160	290	230	260	200	260	225
120	255	205	225	200	350	280	300	260	305	260
150	295	235	260	225	410	330	350	300	350	300
185	340	270	300	260	480	385	430	350	400	350
240	400	320	350	300	570	455	500	430	480	430
300	470	375	430	350	660	530	600	500	570	500
400	570	455	500	430	790	630	700	600	—	—
500	660	530	600	500	900	720	800	700	—	—

Auf blanke Leitungen über 50 mm² sowie auf Fahr- und Freileitungen finden die Werte der Tafeln keine Anwendung. Solche Leitungen sind so zu bemessen, daß sie durch den stärksten normal vorkommenden Betriebsstrom keine für den Betrieb oder die Umgebung gefährliche Temperatur annehmen.

Bei aussetzendem Betrieb mit einer relativen Einschaltdauer bis zu 40% und einer Spieldauer bis zu 10 min gelten für Leitungen von 10 mm² aufwärts etwa 40% höhere Werte als in der Tafel angegeben. Bei aussetzenden Motorbetrieben darf die Nennstromstärke der Sicherungen höchstens das 1,5fache der zulässigen Strombelastung betragen.

2. Belastungstafel für im Erdboden verlegte Aluminiumkabel.

Höchste dauernd zulässige Stromstärke in A.

(Auszug aus VDE 0260/II. 40.)

Nennquerschnitt der Alum.-Leiter mm²	Einleiterkabel bis 1 kV A	Zweileiterkabel bis 1 kV A	Verseilte Dreileiterkabel bis			
			1 kV A	3 kV A	6 kV A	10 kV A
4	50	40	35	35	—	—
6	70	50	45	50	45	—
10	90	70	65	65	60	50
16	125	95	90	85	80	70
25	160	125	110	110	105	90
35	200	150	130	130	130	110
50	250	190	160	160	155	130
70	305	225	195	195	190	160
95	370	270	235	230	225	190
120	430	305	270	270	260	225
150	490	350	310	305	295	255
185	550	390	355	350	335	290
240	640	455	410	405	390	340
300	730	510	470	460	445	385
400	865	610	530	—	—	—

[1]) Die Tafeln 7 und 12 bzw. die ihnen zugrunde liegenden Zahlen sind dem AEG.-Hilfsbuch, 4. Aufl., entnommen.

Für verseilte Vierleiterkabel bis 1 kV gelten die gleichen Werte wie für verseilte Dreileiterkabel bis 1 kV.

Den Belastungswerten ist bei Kabeln für Nennspannungen bis 6 kV (verkettet) eine Leiterübertemperatur von 35⁰, für Kabel höherer Nennspannung eine Leiterübertemperatur von 25⁰ bei der Verlegung eines Kabels in der üblichen Verlegungstiefe von 70 cm in Erde zugrunde gelegt. Bei Verlegung von Kabeln in Luft ist es empfehlenswert, die Kabel nur mit etwa 75% der oben angegebenen Werte zu belasten. Bei Anhäufung mehrerer Kabel in Kanälen oder Rohrblöcken sowie bei Verlegung mehrerer Kabel in einem Graben in mehreren Lagen übereinander muß die zulässige Belastbarkeit von Fall zu Fall festgesetzt werden. Das gleiche gilt bei aussetzendem Betrieb. Liegen mehrere Kabel in einem Graben nebeneinander, so vermindern sich die Werte der Tafel für 2 Kabel auf 90%, für 4 Kabel auf 80%, für 6 Kabel auf 75% und für 8 Kabel auf 70%.

3. Mindestquerschnitte für Kupferleitungen.
(Nach VDE 0100/XII. 40.)

Leitungen an und in Beleuchtungskörpern . . . . 0,75 mm²
Pendelschnüre, runde Zimmerschnüre sowie leichte und mittlere
Gummischlauchleitungen . . . . 0,75 ,,
Andere ortsveränderliche Leitungen . . . . 1 ,,
Festverlegte isolierte Leitungen und festverlegte umhüllte Leitungen
sowie Bleikabel . . . . 1,5 ,,
Desgleichen in Ausnahmefällen . . . . 1 ,,
Festverlegte isolierte Leitungen in Gebäuden und im Freien, bei denen
der Abstand der Befestigungspunkte mehr als 1 m beträgt . . . 4 ,,
Blanke Leitungen bei Verlegung in Rohr . . . . 1,5 ,,
Blanke Leitungen in Gebäuden und im Freien . . . . 4 ,,
Freileitungen mit Spannweiten bis zu 35 m . . . . 6 ,,
Freileitungen in allen anderen Fällen . . . . 10 ,,

Bei Verwendung von Leitern aus anderen Metallen als Kupfer sollen die Querschnitte so gewählt werden, daß sowohl die mechanische Festigkeit wie die Erwärmung durch den Strom den für Kupfer gegebenen Querschnitten entspricht.

4. Bezeichnungen für isolierte und umhüllte Leitungen in Starkstromanlagen.
(Nach VDE 0100/XII. 40.)

1. Leitungen für feste Verlegung in Rohren oder auf Isolierkörpern:
   a) Gummiaderleitungen . . . . (NGA)
   b) Sondergummiaderleitungen . . . . (NSGA)
2. Leitungen für feste Verlegung über und unter Putz:
   a) Umhüllte Rohrdrähte . . . . (NRU)
   b) Bleimantelleitungen (mit Faserstoffbeflechtung) . . . (NBU)
   c) Bleimantelleitungen (mit Stahlbandbewehrung und Faser-
      stoffbeflechtung) . . . . (NBEU)
3. Leitungen für feste Verlegung nur über Putz:
   a) Panzeradern . . . . (NPA)
   b) Mittlere Gummischlauchleitungen . . . . (NMH)
   c) Starke Gummischlauchleitungen . . . . (NSH)
4. Leitungen für Beleuchtungskörper:
   a) Fassungsadern . . . . (NFA)
   b) Pendelschnüre . . . . (NPL)
5. Leitungen zum Anschluß ortsveränderlicher Geräte:
   a) Gummiaderschnüre . . . . (NSA)
   b) Werkstattschnüre . . . . (NWK)
   c) Gummischlauchleitungen:
      Besonders leichte Ausführung . . . . (NLG)
      Leichte Ausführung . . . . (NLH, NLHG)
      Mittlere Ausführung . . . . (NMH)
      Starke Ausführung . . . . (NSH)

5. Tafel der Kupferrunddrähte.
(Nach DIN VDE 6431.)

Einheitsgewicht für Kupfer: 8,9 kg/dm³.

Durchmesser mm	Zulässige Abweichung mm	Querschnitt mm²	Ungefähres Gewicht je 1000 m kg
0,5		0,1964	1,75
0,6	± 0,009	0,2827	2,52
0,7		0,3848	3,43
0,8		0,5027	4,47
0,9	± 0,012	0,6362	5,66
1		0,7854	7,00
1,2	± 0,016	1,131	10,07
1,4		1,539	13,70
1,5	± 0,02	1,767	15,73
1,6		2,011	17,90
1,8	± 0,025	2,545	22,6
2		3,142	28,0
2,5	± 0,03	4,909	43,7
3		7,069	62,9

6. Genormte Betriebsspannungen.
(Nach VDE 0176/1932.)

Für Gleichstrom:

110 220 440 550 750 1100 1500 3000 V
Die Spannungen von 550 bis 3000 V beziehen sich auf Bahnanlagen mit einpoliger Erdung.

Für Drehstrom von 50 Hz:

125 **220 380** 500 1000 3000 **6000**
10 000 **15 000** 20 000 **30 000** 45 000
60 000 80 000 **100 000** 150 000
200 000 300 000 400 000 V.

Für Neuanlagen werden vorzugsweise die fettgedruckten Spannungswerte empfohlen.

7. Zahlenwerte zur Berücksichtigung des induktiven Widerstandes in Wechsel- und Drehstrom-Freileitungen.

Der für Gleichstrom-Aluminiumleitungen berechnete Spannungsabfall ist mit der zugehörigen Zahl der folgenden Tafel zu multiplizieren. Das Produkt ergibt bei Einphasen-Wechselstrom den Spannungsabfall auf Hin- und Rückleitung, bei Drehstrom denjenigen auf einem einzelnen Leitungsstrang. Die Zahlen gelten für die Frequenz von 50 Hz und einen Leiterabstand von 50 cm; bei Drehstrom ist ein gleichseitiges Dreieck als Mastbild zugrunde gelegt.

Querschnitt in mm²	$\cos\varphi$ (induktive Belastung)			
	0,9	0,8	0,7	0,6
10	0,96	0,88	0,79	0,70
16	0,98	0,92	0,84	0,76
25	1,02	0,98	0,91	0,83
35	1,07	1,03	0,98	0,91
50	1,13	1,13	1,09	1,04
70	1,22	1,24	1,22	1,19
95	1,32	1,38	1,38	1,37

Bei Hochspannungsfreileitungen für Drehstrom beträgt der induktive Widerstand bei 50 Hz im Mittel etwa 0,4 Ω/km je Strang.

8. Tafel zur näherungsweisen Berechnung des Ladestromes und der Ladeleistung von Drehstrom-Hochspannungsleitungen.

Mittlere Werte der Betriebskapazität von Drehstrom-Hochspannungsleitungen:

Freileitung: $C = 0,01$ μF km

Kabel: $C = 0,2$ μF/km (verseiltes Drehstromkabel mit Gürtelisolation).

Für die Frequenz von 50 Hz beträgt damit

Betriebsspannung in kV		6	15	30	60	100	200
Frei-leitung	Ladestrom in A/km	—	0,027	0,055	0,11	0,18	0,36
	Ladeleistung in BkVA/km	—	0,71	2,82	11,3	31,4	126
Kabel	Ladestrom in A/km	0,22	0,54	1,09	2,18	—	—
	Ladeleistung in BkVA km	2,26	14,2	56,5	226	—	—

9. Widerstand und Belastung von Widerstands-Runddraht

bei verschiedenen Temperaturen des frei ausgespannten Drahtes in ruhiger Luft von etwa 20° C.

(HAWE-Material der Firma R. u. G. Schmöle, Metallwerke A.-G.

Menden, Kreis Iserlohn.)

Durch-messer	Quer-schnitt	Chromnickel (eisenhaltig, HAWE 110-U [N 30])						Konstantan (HAWE 50)			
		200° C		500° C		1000° C		200° C		500° C	
mm	mm²	Ω/m	A	Ω/m	A	Ω/m	A	Ω/m	A	Ω/m	A
0,05	0,00196	575	0,12	620	0,23	665	—	254	0,13	257	—
0,1	0,0079	144	0,22	154	0,55	166	1,07	63,4	0,30	64,2	0,55
0,2	0,0314	35,8	0,47	38,7	1,20	41,4	2,50	15,8	0,68	16,0	1,32
0,3	0,0707	16,0	0,75	17,3	2,00	18,5	4,20	7,04	1,14	7,12	2,30
0,4	0,126	8,95	1,05	9,65	2,80	10,3	6,10	3,96	1,65	4,01	3,40
0,5	0,196	5,75	1,35	6,20	3,70	6,65	8,20	2,54	2,25	2,57	4,55
0,6	0,283	3,98	1,70	4,30	4,60	4,60	10,4	1,76	2,90	1,78	5,75
0,7	0,385	2,93	2,00	3,16	5,70	3,39	12,7	1,29	3,60	1,31	7,05
0,8	0,503	2,24	2,35	2,42	6,70	2,59	15,1	0,991	4,30	1,00	8,40
0,9	0,638	1,77	2,70	1,91	7,80	2,05	18,0	0,783	5,00	0,792	9,80
1,0	0,785	1,44	3,15	1,55	8,90	1,66	21,0	0,634	5,70	0,642	11,3
1,2	1,13	0,997	4,00	1,08	11,4	1,15	27,0	0,440	7,25	0,445	14,6
1,5	1,77	0,636	5,25	0,687	15,5	0,736	36,0	0,282	9,80	0,285	19,7
1,8	2,54	0,443	6,80	0,478	20,0	0,512	47,0	0,195	12,5	0,198	25,5
2,0	3,14	0,358	7,90	0,387	23,0	0,414	55,0	0,158	14,5	0,160	29,5
2,2	3,80	0,296	8,90	0,320	26,5	0,342	64,0	0,131	16,5	0,133	33,5
2,5	4,91	0,230	10,7	0,248	31,5	0,265	78,0	0,102	20,0	0,103	40,0
2,8	6,16	0,183	12,6	0,197	38,0	0,211	92,0	0,0809	23,5	0,0818	47,0
3,0	7,07	0,160	14,4	0,173	42,5	0,184	103	0,0704	26,5	0,0712	52,0
3,5	9,62	0,117	18,7	0,126	54,0	0,135	129	0,0518	33,5	0,0524	65,0
4,0	12,57	0,0895	23,0	0,0965	66,0	0,103	154	0,0396	41,0	0,0401	78,5

10. Magnetisierungskurven.

Magnetische Induktion in Abhängigkeit von den Amperewindungen für 1 cm Induktionslinienweg.

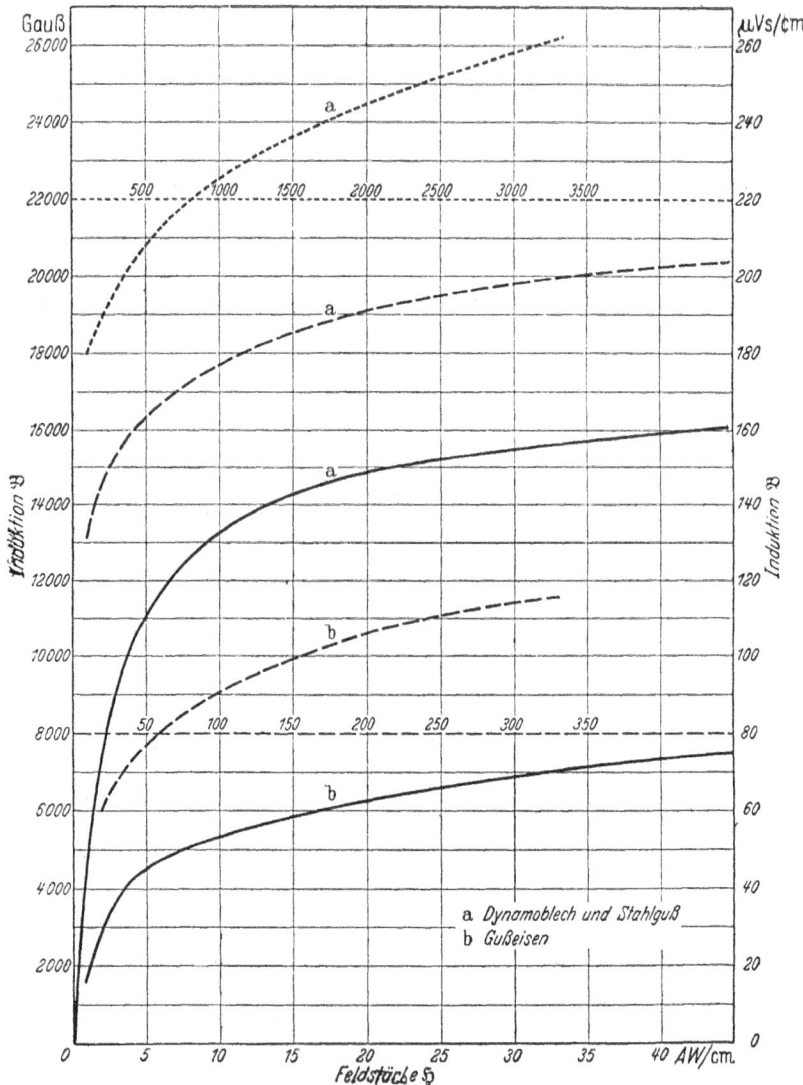

Für Luft ist: $\dfrac{\text{Amperewindungen}}{\text{Induktionslinienweg in cm}} = 0{,}8 \cdot \mathfrak{B}.$

11. Verlustziffer von Dynamoblechen.
(Auszug aus den DIN VDE 6400.)

Art der Bleche	I normal				II schwach legiert	III mittelstark legiert	IV hoch legiert	
Dicke in mm	0,5	0,75	1,0	1,5	0,5	0,5	0,35	0,5
Spez. Gew. (mit Zunder)	7,8				7,75	7,65	7,55	

Eisenverluste in W/kg (Größt-werte) bei 50 Hz, 20° C und sinus-förmig. Spannung	bei { 10000 Gauß	3,6	—	8	—	3,0	2,3	1,3	1,7
	15000 Gauß	8,6	—	19	—	7,4	5,6	3,25	4,0

12. Annähernder Stromverbrauch von Elektromotoren bei Vollast.

Motorleistung		220 V Gleichstrom		380 V Drehstrom	
in kW	(in PS)	A	A/kW	A	A/kW
1	(1,36)	6,0	6,02	2,3	2,28
2	(2,72)	11,8	5,88	4,5	2,24
3— 5	(4,1— 6,8)	17,2— 28,9	5,73	6,6— 11,0	2,20
6—10	(8,2— 13,6)	33,7— 56,2	5,62	13,0— 21,6	2,16
11—20	(14,9— 27,2)	61 —111	5,53	23 — 41	2,09
21—50	(28,5— 67,9)	111 —265	5,30	41 — 98	1,98
51—80	(69,3—108,6)	265 —409	5,12	98 —152	1,90
Im Mittel:		—	5,60	—	2,12

Bei anderen Betriebsspannungen sind die Werte der Tafel im umgekehrten Verhältnis der Spannungen umzurechnen. Allgemein beträgt die Stromaufnahme bei der Spannung U in U im Mittel für

Gleichstrommotoren: $\dfrac{1230}{U}$ A/kW,   Drehstrommotoren: $\dfrac{806}{U}$ A/kW.

13. Tafel der photometrischen Grundgrößen und Einheiten.
(Auszug aus DIN 5035.)

Größe	Beziehung	Einheit	Zeichen
Lichtstrom	Φ	Lumen	lm
Lichtmenge	$Q = \Phi \cdot t$	Lumenstunde	lmh
Lichtstärke	$I = \dfrac{\Phi}{\omega}$	Hefnerkerze	HK
Beleuchtungsstärke	$E = \dfrac{\Phi}{F}$	Lux	lx
Beleuchtungsstärke	$E = \dfrac{\Phi}{f}$	Phot	ph
Leuchtdichte	$B = \dfrac{I\,\mathrm{s}}{f \cdot \cos \varepsilon}$	Stilb	sb
Spezifische Lichtausstrahlung . .	$R = \dfrac{\Phi}{f}$	Phot	ph

Hierin bedeuten:
F eine Fläche in m²,
f „ „ „ cm²,
t die Zeit in Stunden,

ε den Ausstrahlungswinkel (Winkel zwischen Ausstrahlungsrichtung und Flächennormale),
ω den Raumwinkel.

14. Beleuchtungstafel.

(Auszug aus DIN 5035.)

Art der Anlage Die Beleuchtungswerte werden bei der Allgemeinbeleuchtung auf eine waagerechte Ebene in 1 m Höhe über dem Fußboden, bei der Arbeitsplatzbeleuchtung auf die Arbeitsfläche bezogen.	Allgemeinbeleuchtung				Arbeitsplatz-beleuchtung
	Mittlere Beleuchtungsstärke		Beleuchtungsstärke an der ungünstigsten Stelle		Beleuchtungsstärke der Arbeitsstelle
	Mindestwert	Empfohlener Wert	Mindestwert	Empfohlener Wert	
	lx [1]	lx [1]	lx [1]	lx	lx

a) Arbeitsstätten einschließlich Schulen.

		Mindestwert	Empf. Wert	Mindestwert	Empf. Wert	Arbeitsstelle
Industrie- und Handwerksbetriebe	Grobe Arbeiten	20 (20)	40	10 (10)	—	50— 100
	Mittlere Arbeiten . .	40 (30)	80	20 (15)	—	100— 300
	Feine Arbeiten	75 (40)	150	50 (20)	—	300—1000
	Sehr feine Arbeiten . .	150 (50)	300	100 (30)	—	1000—5000

Grobe Arbeit. Gießerei: Eisengießen, Gußputzen. Metall: Grobwalzen und -ziehen. Schmieden und Schruppen. Ziegelei. Gerberei.

Mittlere Arbeit. Gießerei: Einfaches Formen, Spritzguß. Metall: Revolverdrehbank, Pressen, Stanzen. Holz: Sägen, Hobeln, Fräsen. Lebensmittelbetriebe.

Feine Arbeit. Metall: Feinwalzen und -ziehen, Drehbänke, Pressen, Montage. Holz: Polieren. Gewebe: Spinnen, Weben, Färben, Zuschneiden, Nähen. Druckerei: Maschinensatz, Drucken. Büroarbeit: Maschinenschreiben, Lese- und Schreibarbeit.

Sehr feine Arbeit. Metall: Gravieren, Feinmechanik, Uhren. Glasbearbeitung. Gewebe: Bearbeiten von dunklen Stoffen. Druckerei: Handsatz, Lithographie. Büroarbeit: Zeichnen.

b) Aufenthalts- und Wohnräume [bei mittlerer Rückstrahlung der Raumauskleidung (40—60 %)].

Art der Ansprüche						
	Niedrige	20	40	10	—	Wie bei Arbeitsstätten
	Mittlere	40	80	20	—	
	Hohe	75	150	50	—	

c) Verkehrsanlagen.

Straßen, Plätze	Schwacher Verkehr . . .	1	3	0,2	0,5	—
	Mittlerer Verkehr . . .	3	8	0,5	2	—
	Starker Verkehr	8	15	2	4	—
	Stärkster Verkehr in Großstädten	15	30	4	8	—
Durchgang, Treppen	Schwacher Verkehr . . .	5	15	2	5	—
	Starker Verkehr . . .	10	30	5	10	—
Bahnanlagen	Gleisfelder, schwacher Verkehr . .	0,5	1,5	0,2	0,5	—
	desgl. starker Verkehr .	2	5	0,5	2	—
	Bahnsteige, Verladestellen, Durchgänge, Treppen mit schwachem Verkehr . .	5	15	2	5	—
	desgl. mit starkem Verkehr	10	30	5	10	—
Wasserverkehrs-Anlagen	Kaianlagen, Ladestellen, Schleusen mit schwachem Verkehr	1	3	0,3	1	—
	desgl. mit starkem Verkehr	5	15	2	5	—
Fabrikhöfe	Schwacher Verkehr . . .	1	3	0,3	1	—
	Starker Verkehr	5	15	2	5	—

[1] Die in Klammern stehenden Zahlen gelten nur dann, wenn außer der Allgemeinbeleuchtung noch eine Arbeitsplatzbeleuchtung vorhanden ist.

15. Ungefähre Lichtleistung (in Hlm) der gebräuchlichsten Osram-Lampen.

Spannung in V	Osram-D-Lampen Leistungsaufnahme in W				Osram-Soffittenlampen Leistungsaufnahme in W			
	40	60	75	100	25	40	60	100
110	560	915	1210	1710	252	416	630	990
220	480	805	1060	1510	224	380	590	1020

Spannung in V	Osram-Nitra-Lampen — Leistungsaufnahme in W							
	150	200	300	500	750	1000	1500	2000
110	2620	3620	6000	10 500	16 500	23 500	35 000	44 000
220	2280	3220	5250	9 500	15 300	21 000	34 000	41 600

16. Tafel der Leitstoffe.

Leitstoff	Elektro-chemisches Äquivalent in g/Ah	Spezifischer Widerstand in $\Omega \cdot mm^2/m$ bei 20^0 C	Spezifischer Leitwert in $S \cdot m/mm^2$	Temperatur-zahl in ^{0} C -1
Aluminium	0,338	0,0288	34,8	0,004
Blei	3,86	0,22	4,55	0,0041
Eisen (WM 13)	1,04	0,10—0,15	10—6,7	0,0045...47
Kohle (Retorten)	—	ca. 100	ca. 0,01	} —0,0002...7
Kohlefäden	—	30	0,033	
Konstantan	—	0,49	2,04	—0,000005
Kupfer	1,18	0,01754	57	0,0039
Manganin	—	0,42	2,38	±0,00001
Messing	—	0,074	13,5	0,0015
Neusilber (WM 30)	—	0,3	3,3	0,0002...7
Nickel	1,095	0,10	10,0	0,0040
Nickelin (WM 30)	—	0,3	3,3	0,00023
Nickel-Chrom-Eisen (WM 100)	—	1,0	1,0	0,00025
Platin	1,82	0,11—0,14	9,1—7,15	0,002...3
Quecksilber	7,48	0,95	1,05	0,0009
Silber	4,025	0,016	62,6	0,0036
Wolfram	—	0,055	18,2	0,0041
Zink	1,22	0,063	15,9	0,0038
Schwefelsäure, wässerige Lösung von { 5%	—	51 800	0,0000193	} —0,02
18° C, Verdünnung in { 10%	—	27 400	0,0000365	
Gew.-% { 20%	—	16 700	0,0000598	

17. Tafel der Isolierstoffe.

Isolierstoff	Einheitsgewicht in kg/dm^3	Dielektrizitäts-konstante ε	Durchschlagsfestigkeit in kV/mm bei 20^0 C und sinus-förmiger Wechselspannung [1]
Bakelit	1,4—2,1	2,2—3,2	10
Glas	2,4—2,8	3 —9	10—20
Glimmer	2,5	4,5—7	bis 60
Guttapercha	~1,0	2,5—4,2	10
Gummi, vulkanisiert	1,3—1,8	2,9	10
Hartgummi	1,2—1,7	2,5—4	8—10
Hartpapier	1,1—1,4	4 —5	10—20
Starkstr.-Kabel-Isol. . . .	~1,4	4,3	20
Luft von 760 mm Hg	0,001293	1	2,14
Marmor	2,5—2,9	~4	~1
Mikanit (Form-)	2,0—2,3	4,5—5,5	bis 30
Mikanitpapier	2	3,5—4,5	25—35
Porzellan	2,3—2,5	5 —6,5	9—15
Preßspan	1,2	2	10
Stabilit	~1,6	4 —5	6— 8
Steatit	2,8	5,3	20—30
Transformatorenöl	0,9—0,92	2,0—2,3	~10

[1] Diese Werte sind von der Dicke der Isolierschicht abhängig und auf 1 mm Schichtdicke umgerechnet.

18. Formel- und Einheitszeichen (Auszug).
(Nach DIN 1301 und 1304.)

a) Formelzeichen.

Q Elektrizitätsmenge
$\mathfrak{E}$ Elektrische Feldstärke
U Elektrische Spannung
E Elektromotorische Kraft
I Elektrische Stromstärke
R Elektrischer Widerstand
ϱ Spezifischer elektr. Widerstand
G Elektrischer Leitwert $(1/R)$
$\varkappa$ Elektrische Leitfähigkeit $(1/\varrho)$
$\mathfrak{D}$ Elektrische Verschiebung
ε Elektrisierungszahl
f Frequenz[1])

C Elektrische Kapazität
$\mathfrak{H}$ Magnetische Feldstärke
V Magnetische Spannung
Λ Magnetischer Leitwert
w Windungszahl
$\mathfrak{B}$ Magnetische Induktion
μ Permeabilität
Φ Magnetischer Induktionsfluß
L Induktivität (Koeffizient der Selbstinduktion)
M Gegeninduktivität (Koeffizient der gegenseitigen Induktion)

b) Einheitszeichen.

A   Ampere
V   Volt
Ω Ohm
S   Siemens
C   Coulomb
J   Joule
W   Watt
F   Farad
H   Henry
Hz Hertz[1])

mA   Milliampere
kW   Kilowatt
MW   Megawatt
μF   Mikrofarad $= 10^{-6}$ F
nF   Nanofarad $= 10^{-9}$ F
pF   Picofarad $= 10^{-12}$ F
MΩ Megohm
kVA Kilovoltampere
BkVA Blindkilovoltampere[1])
Ah   Amperestunde
kWh Kilowattstunde

19. Meßgeräte.
(Auszug aus VDE 0410/X. 38.)

a) Klasseneinteilung.

Klassenzeichen 0,2 ⎱ Feinmeßgeräte
Klassenzeichen 0,5 ⎰

Klassenzeichen 1,0 ⎱
Klassenzeichen 1,5 ⎰ Betriebsmeßgeräte
Klassenzeichen 2,5 ⎰

Klasse	Zulässiger Anzeige-fehler in %
0,2	$\pm 0,2$
0,5	$\pm 0,5$
1,0	$\pm 1,0$
1,5	$\pm 1,5$
2,5	$\pm 2,5$

b) Prüfspannung.

Nennspannung des Stromkreises, in dem das Meßgerät verwendet wird V	Prüf-spannung V	Prüfspannungszeichen
bis 40	500	Schwarzumrandeter Stern ohne Ziffer
40 „ 650	2 000	desgl. mit Ziffer 2
650 „ 1000	3 000	desgl. mit Ziffer 3
1000 „ 1500	5 000	desgl. mit Ziffer 5
1500 „ 3000	10 000	desgl. mit Ziffer 10

[1]) In Deutschland übliche Bezeichnungen.

c) Sinnbilder für Meßgeräte.

Nr.	Arten der Meßgeräte		Nr.	Arten der Meßgeräte	
1	Drehspulmeßgerät mit Dauermagnet		15	Isolierter Thermoumform. mit Drehspulmeßgerät[1])	
2	Drehspul-Quotienten- messer		16	Gleichrichter	
3	Dreheisen-Meßgerät		17	Gleichrichter in Verbin- dung mit Drehspul- meßgerät[1])	
4	Dreheisen-Quotienten- messer		18	Meßgerät mit Eisenschirm (Sinnbild f. d. Schirm)	
5	Elektrodynamisches Meßgerät		19	Gleichstrom	
5a	Eisengeschlossenes, elektrodynamisches Meßgerät		20	Wechselstrom	
6	Elektrodynamischer Quotientenmesser		21	Gleich- u. Wechselstrom	
6a	Eisengeschlossener, elektrodynamischer Quotientenmesser		22	Drehstrom-Meßgerät mit einem Meßwerk	
7	Induktionsmeßgerät		23	Drehstrom-Meßgerät mit zwei Meßwerken	
8	Induktions- Quotientenmesser		24	Drehstrom-Meßgerät mit drei Meßgeräten	
9	Hitzdrahtmeßgerät		25	Senkrechte Gebrauchs- lage	
10	Elektrostatisches Meßgerät		26	Waagerechte Gebrauchslage	
11	Vibrationsmeßgerät		27	Schräge Gebrauchslage	
12	Thermoumformer, allgemein		28	Schräge Gebrauchslage mit Angabe des Nei- gungswinkels	
13	Thermoumformer mit Drehspulmeßgerät[1])		29	Nulleinstellung	
14	Isolierter Thermo- umformer		30	Prüfspannungszeichen: schwarzumrandeter Stern (siehe auch Prüf- spannung)	

[1]) Wenn kein Irrtum möglich ist, so können die Sinnbilder 12, 14, 16 an Stelle von 13, 15, 17 genommen werden.

7*

20. Klemmenbezeichnungen.
(Auszug aus VDE 0570/I. 40.)

A und B   Ankerwicklung
C und D   Nebenschlußwicklung für Selbsterregung
E und F   Reihenschlußwicklung
G und H   Wendepol- oder (mit) Kompensationswicklung
I und K   Fremderregte Feldwicklung
P und N   Netzleitungen eines Gleichstromnetzes
R, S, T   Netzleitungen eines Drehstromnetzes
R und S   (wahlweise R, T) Netzleitungen eines Einphasennetzes
Mp   Sternpunktleiter

$\left.\begin{matrix} L \\ R \\ M \end{matrix}\right\}$ Klemme für Anschluß an $\left\{\begin{matrix} \text{Netz} \\ \text{Anker} \\ \text{Nebenschlußwicklung} \end{matrix}\right.$ $\left.\begin{matrix} \\ \\ \end{matrix}\right\}$ des Anlassers eines Gleichstrommotors

$\left.\begin{matrix} s \\ t \\ q \end{matrix}\right\}$ Klemme für Anschluß an $\left\{\begin{matrix} \text{Nebenschlußwicklung} \\ \text{Anker oder Netz} \\ \text{Anker oder Netz, zum} \\ \text{Kurzschließen der} \\ \text{Nebenschlußwicklung} \end{matrix}\right.$ $\left.\begin{matrix} \\ \\ \end{matrix}\right\}$ des Nebenschlußreglers eines Gleichstrommot.

U, V, W   Verkettete $\left.\begin{matrix} \\ \end{matrix}\right\}$ Drehstromschaltung oder -wicklung
U-X, V-Y, W-Z   Unverkettete   (primär)

u, v, w   Verkettete $\left.\begin{matrix} \\ \end{matrix}\right\}$ Drehstromschaltung oder -wicklung
u-x, v-y, w-z   Unverkettete   (sekundär)

a) Gleichstrommaschinen.

Mit Reihenschluß-
wicklung.

Mit Nebenschluß-
wicklung.

Mit Doppelschluß-
wicklung.

Mit Nebenschluß-
wicklung
und Wendepolen.

Nebenschluß-Generator
für Rechtslauf.

Nebenschluß-Motor
für Rechtslauf.

b) Wechselstrommaschinen.

Synchron-
maschine
3-phasig
in Dreieck
geschaltet.

Synchron-
maschine
3-phasig mit
aufgelöstem
Nullpunkt.

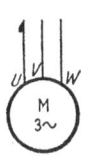

Asynchronmotor
3-phasig
mit Kurzschlußläufer.

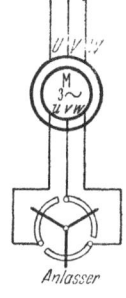

Anlasser

Asynchronmotor
3-phasig mit
Schleifringläufer.

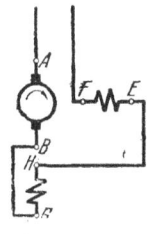

Stromwender-
Reihenschlußmotor
1-phasig.

c) Transformatoren.

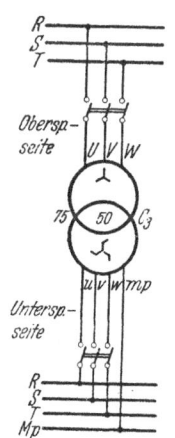

Leistungs-
transformator
75 kVA
50 Hz
Stern Zickzack
Schaltgruppe C_2.

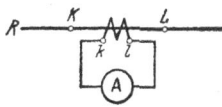

Stromwandler.

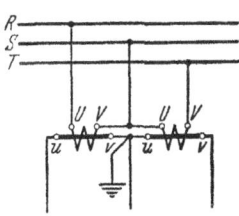

Spannungswandler für Drehstrom
in V-Schaltung.

Neunter Abschnitt: Werkzeugmaschinen für Metallbearbeitung.

1. Schnittgeschwindigkeiten für Werkzeug- und Schnellstahl (Richtwerte).

Schnittgeschwindigkeit in m/min bei

Maschinenart	Arbeitsverfahren	Stahl 30—40 kg/mm² Festigkeit Werkzeugstahl	Stahl 30—40 kg/mm² Festigkeit Schnellstahl	Stahl 50—70 kg/mm² Festigkeit Werkzeugstahl	Stahl 50—70 kg/mm² Festigkeit Schnellstahl	Stahl 80—90 kg/mm² Festigkeit Werkzeugstahl	Stahl 80—90 kg/mm² Festigkeit Schnellstahl	Stahlguß Werkzeugstahl	Stahlguß Schnellstahl	Gußeisen Gewöhnlich Werkzeugstahl	Gußeisen Gewöhnlich Schnellstahl	Gußeisen Hart Werkzeugstahl	Gußeisen Hart Schnellstahl	Temperguß Werkzeugstahl	Temperguß Schnellstahl	Messing u. Rotguß Gewöhnlich Werkzeugstahl	Messing u. Rotguß Gewöhnlich Schnellstahl	Messing u. Rotguß Hart Werkzeugstahl	Messing u. Rotguß Hart Schnellstahl
Drehbänke	Schruppen	12—16	20—30	10—14	16—24	6—10	12—18	6—12	12—18	6—12	14—20	4—6	8—10	8—14	15—22	25—35	30—40	15—22	20—30
	Schlichten	14—20	28—32	12—18	22—28	8—12	16—20	10—18	16—24	12—18	18—24	8—10	14—18	14—20	20—28	30—40	40—50	25—28	30—40
	Reiben	3—6	8—10	3—5	4—8	2—3	2—4	2—4	4—8	3—6	4—10	2—3	2—4	3—6	4—10	10—15	14—20	8—10	10—12
	Gewindeschneiden¹)	10—12	14—18	6—10	12—16	4—7	10—12	5—8	10—15	5—8	10—15	3—6	6—10	5—8	10—15	18—22	20—30	10—15	18—22
Revolverbänke und Automaten	Schruppen	14—18	25—30	12—18	18—25	8—10	12—18	6—12	12—18	6—12	14—20	4—6	8—10	8—14	15—22	25—35	30—40	15—22	20—30
	Schlichten	15—20	28—32	15—18	22—28	8—12	16—20	10—18	16—24	12—18	18—24	8—10	14—18	14—20	20—28	30—40	40—50	25—28	30—40
	Reiben	3—6	8—10	3—5	4—8	1—2	2—4	2—4	4—8	3—5	4—10	—	2—4	3—6	4—10	10—15	14—18	8—10	10—12
	Gewindeschneiden²)	3—6	6—10	2—5	5—8	—	2—3	2—4	4—8	2—5	4—8	2—3	2—4	2—4	4—8	8—15	10—18	6—8	8—12
Bohrmaschinen und Bohrwerke	Spiralbohrer	12—18	22—30	10—18	18—25	8—12	15—20	6—12	16—22	8—12	16—24	4—6	8—12	8—14	18—24	25—35	30—40	15—22	20—30
	Bohrstange	12—16	16—22	8—12	12—18	6—8	10—12	6—12	12—18	6—12	14—20	4—6	8—12	8—14	14—20	20—25	25—30	15—20	18—25
	Reiben	3—6	8—10	3—5	4—8	2—3	2—4	2—4	4—8	3—6	4—10	—	2—4	3—6	4—10	10—15	14—20	8—10	10—12
	Flächendrehen	12—16	20—25	10—14	15—20	6—10	12—18	6—12	12—18	6—12	12—18	4—6	8—10	8—14	14—20	20—30	25—35	12—18	15—25
	Gewindeschneiden	3—6	6—10	2—5	5—8	—	2—4	2—4	4—8	2—5	4—8	2—3	2—4	2—4	4—8	8—15	10—18	6—8	8—12

¹) Mit Stahl. ²) Mit Schneideisen oder Gewindebohrer.

Schnittgeschwindigkeiten für Werkzeug- und Schnellstahl (Richtwerte). (Fortsetzung.)

Schnittgeschwindigkeit in m/min bei

Maschinenart	Arbeitsverfahren	Stahl 30–40 kg/mm² Werkzeugstahl	Stahl 30–40 kg/mm² Schnellstahl	Stahl 50–70 kg/mm² Werkzeugstahl	Stahl 50–70 kg/mm² Schnellstahl	Stahl 80–90 kg/mm² Werkzeugstahl	Stahl 80–90 kg/mm² Schnellstahl	Stahlguß Werkzeugstahl	Stahlguß Schnellstahl	Gußeisen Gewöhnlich Werkzeugstahl	Gußeisen Gewöhnlich Schnellstahl	Gußeisen Hart Werkzeugstahl	Gußeisen Hart Schnellstahl	Temperguß Werkzeugstahl	Temperguß Schnellstahl	Messing u. Rotguß Gewöhnlich Werkzeugstahl	Messing u. Rotguß Gewöhnlich Schnellstahl	Messing u. Rotguß Hart Werkzeugstahl	Messing u. Rotguß Hart Schnellstahl
Fräsmaschinen	Lang- und Planfräsen	18–22	24–30	12–18	15–25	6–10	12–18	8–14	16–25	10–16	18–30	8–10	10–16	10–16	18–30	30–40	45–60	20–30	35–50
Fräsmaschinen	Rundschruppen	16–20	20–26	10–16	14–22	6–10	10–15	6–12	14–22	8–14	15–25	6–8	8–12	8–14	16–25	25–35	30–50	15–25	25–35
Fräsmaschinen	Zahnschruppen	10–16	16–24	8–14	12–20	4–8	8–12	5–10	12–20	8–12	14–20	4–6	8–10	8–12	14–22	18–25	30–40	15–18	25–30
Fräsmaschinen	Schlichten	20–25	35–45	14–18	24–32	8–12	16–22	10–18	18–28	12–20	24–38	8–12	14–18	12–18	20–35	40–50	50–70	25–35	40–60
Fräsmaschinen	Gewinde-fräsen	10–15	16–20	6–10	12–18	2–4	6–12	—	—	—	—	—	—	—	—	—	—	—	—
Hobel- und Stoßmaschinen	Hobel- und Stoßmaschinen	8–12	12–16	8–10	10–14	7–9	10–12	8–10	10–15	8–10	10–15	7–9	10–12	8–10	10–15	12–18	15–20	10–15	12–18

Stahl

Maschinenart	Arbeitsverfahren	Umfangsgeschwindigkeit des Arbeitsstückes bei Durchmesser bis 50 mm m/min	Umfangsgeschwindigkeit des Arbeitsstückes bei Durchmesser bis 150 mm m/min	Umfangsgeschwindigkeit der Schleifscheibe m/s	Anstellung der Schleifscheibe mm	Vorschub der Schleifscheibe bei einer Umdrehung des Arbeitsstückes
Schleifmaschinen	Rundschleifen	10–12	15	25–35	0,01–0,05	1/2 – 3/4 der Scheibenbreite

Gußeisen

Maschinenart	Arbeitsverfahren	Umfangsgeschwindigkeit des Arbeitsstückes bei Durchmesser bis 50 mm m/min	Umfangsgeschwindigkeit des Arbeitsstückes bei Durchmesser bis 150 mm m/min	Umfangsgeschwindigkeit der Schleifscheibe m/s	Anstellung der Schleifscheibe mm	Vorschub der Schleifscheibe bei einer Umdrehung des Arbeitsstückes
Schleifmaschinen	Rundschleifen	12–15	18–20	25	0,01–0,1	3/4 – 5/6 der Scheibenbreite

2. Schnittgeschwindigkeiten für Hartmetall (Richtwerte).
Auszug aus AWF 158 (Ausgabe Oktober 1943).

Maschinenart: Drehbänke				Hartmetallgruppe (Kennbuchstabe und -ziffer)											
Arbeitsverfahren: Drehen				S_1				S_2				S_3			
Werkstoff	Hartmetall			Vorschub mm/U											
Bezeichnung	Zugfestigkeit σ_{zB} kg/mm²	Kennfarbe	Gruppe	0,1	0,2	0,4	0,8	0,1	0,4	0,8	1,6	0,4	0,8	1,6	3,2
				Schnittgeschwindigkeit v_{240} m/min											
a) Unlegierter Stahl.															
St 34.11 / St 37.11 / St 42.11	bis 50	schw. weiß rot	S_1 S_2 S_3	280	236	200	170	170	140	118	100	95	80	67	56
St 50.11	50— 60			250	212	180	150	140	118	100	85	80	67	56	48
St 60.11	60— 70			236	200	170	140	118	100	85	71	67	56	48	40
St 70.11	70— 85			200	170	132	106	100	80	63	50	53	43	34	28
St 85	85—100			170	140	112	90	85	67	53	43	45	36	28	22
b) Legierter Stahl.															
Mn-Stahl.	70— 85	schw. weiß rot	S_1 S_2 S_3	200	170	132	106	100	80	63	50	53	43	34	27
Cr-Ni-Stahl,	85—100			150	118	95	75	71	56	45	36	38	30	24	20
Cr-Mo-Stahl und	100—140			95	75	60	50	45	36	30	24	24	20	16	13
and. leg. Stähle	140—180			60	48	38	32	28	22	19	15	15	13	10	8
Nichtrost. Stahl	60— 70			90	71	56	48	43	34	28	22	22	19	15	12
Werkzeugstahl	150—180			50	40	32	27	24	19	16	13	13	11	8,5	6,7
Mangan-Hartstahl	—			40	32	25	20	19	15	12	10	10	8	6,7	5,3
c) Stahlguß.															
Stahlguß	30— 50	schw weiß rot	S_1 S_2 S_3	150	125	106	90	75	63	53	45	43	36	30	25
	50— 70			118	100	85	71	60	50	43	36	34	28	24	20

			Vorschub mm/U						Hartmetallwerkzeuge (Auszug aus AWF 118, DIN 4990).		
			0,1	0,2	0,4	0,8	1,6	Kennfarbe	Gruppe	Anwendungsbereich
			Schn. v_{240} m/min							
d) Gußeisen.	Brinellhärte							grau	F_1	Feinstdrehen und Feinstbohren von Stahl.
Gußeisen	bis 200	blau G_1	140	118	95	80	67			
	200—250	gelb H_1	106	90	75	63	53	schwarz	S_1	Hohe Schnittgeschwindigkeiten bei Vorschüben bis 1 mm/U.
	250—400	gelb H_1	75	63	53	43	36			
e) Temperguß und Hartguß.	Shorehärte							weiß	S_2	Mittlere Schnittgeschwindigkeiten bei Vorschüben bis 2 mm/U.
Temperguß	—	gelb/schw./rot H_1 S_1 S_2	106	90	75	63	53			
Hartguß	60— 90	gelb H_1	21	17	15	13	10	rot	S_3	Niedrige und mittlere Schnittgeschwindigkeiten bei Vorschüben bis 3 mm/U.
f) Kupfer und Kupferlegierungen.										
Kupfer	—		500	450	375	335	300			
Messingguß	Brinellhärte 80—120	blau G_1	600	530	450	400	355	blau	G_1	Bearbeitung von Gußeisen unter 200 Brinell, Kupfer, Kupferlegierungen, Messing, Leichtmetall, Kunst- und Preßstoffen.
Rotguß	—		500	450	375	335	300			
Gußbronze	—		355	280	236	200	170			
g) Zink und Zinklegierungen.										
Zn-Al 10-Cu 2	—	blau G_1	250	236	224	212	200	braun	G_2	Bearbeitung von Kunst- und Hartholz, Faserstoffen.
h) Leichtmetalle.										
Reinaluminium	—		1320	1120	950	850	710			
Al-Leg. mit hohem Si-Gehalt	—		224	190	160	140	118	blau mit schwarzen Streifen	G_3	Bearbeitung von Elektrodenkohle.
Kolben-Leg. Al-Si (zäh)	—	blau G_1	50	45	40	36	34			
Kolben-Leg. GAl-Si	—		25	22	20	18	17			
Al-Guß- und Knet-Legierungen	8—30		300	250	212	180	160	gelb	H_1	Bearbeitung von Hartguß, Gußeisen über 200 Brinell, Temperguß, Glas, Porzellan, Gesteine, Hartpapier.
	30—42		280	236	200	170	150			
	42—58		265	224	190	160	140			
Mg-Legierungen	—		1800	1500	1250	1060	900			
i) Kunst- und Preßstoffe.										
Hartgummi, Ebonit	blau G_1		300	280	250	224	200	gelb mit schwarzen Streifen	H_2	Spezial-Hartguß über 100 Shore.
Gummifreie Isolierpreßmasse, Novotext, Bakelit, Pertinax	blau G_1		280	212	170	132	100			
Hartpapier	gelb H_1		280	236	200	170	140			

Zehnter Abschnitt: Hochbau.

1. Zulässige Spannungen in kg/cm² für den Hochbau.

a) Zulässige Spannungen für Bauteile und Verbindungsmittel in kg/cm². [1]

Verwendungsform im Bauwerk	Beanspruchung	Bei vollwandigen Trägern, Fachwerken und Stützen aus							Werkstoff	Maßgebender Querschnitt
		St 00·12	Handelsbaustahl		St 37·12		St 52			
		1 u. 2	1	2	1	2	1	2		
a) Bauteile	Zug und Biegung . . σ_{zul}	1200	1400	1600	1400	1600	2100	2400		
	Schub . . . . . τ_{zul}	960	1120	1280	1120	1280	1680	1920		
b) Nietverbindungen	Abscheren . . . . τa_{zul}	1200	1400	1600	1400	1600	2100	2400	Niete aus St 34·13 „ „ St 44 „ „ St 34·13 „ „ St 44	Lochquerschnitt
	Lochleibungsdruck . . σl_{zul}	2400	2800	3200	2800	3200	4200	4800		
c) Schraubenverbindungen (eingepaßte Schrauben)	Abscheren . . . . τa_{zul}	960	1120	1280	1120	1280	1680	1920	Schrauben aus St 38·13 „ „ St 52 „ „ St 38·13 „ „ St 52 „ „ St 38·13 „ „ St 52	Lochquerschnitt Lochquerschnitt Kernquerschnitt
	Lochleibungsdruck . . σl_{zul}	2400	2800	3200	2800	3200	4200	4800		
	Zug . . . . σz_{zul}	850	1000	1100	1000	1100	1500	1700		

Ferner

Verwendungsform im Bauwerk	Beanspruchung	Belastungsfall		Werkstoff	Maßgebender Querschnitt
		1	2		
d) Schraubenverbindungen (rohe Schrauben)	Abscheren . . . . τa_{zul}	1000	1100	Schrauben aus St 38·13 „ „ St 38·13 „ „ St 38·13	Schaftquerschnitt Kernquerschnitt
	Lochleibungsdruck . . σl_{zul}	1600	1800		
	Zug . . . . σz_{zul}	1000	1100		
e) Ankerschrauben und Ankerbolzen	Zug . . . . σz_{zul}	850 1000 1500	1100 1700	Anker aus St 00·12 Anker aus Handelsbaustahl und aus St 37·12 Anker aus St 52	Kernquerschnitt

[1] Auszug aus „Belastungen und Beanspruchungen im Hochbau". 18. Aufl. Berlin: Wilhelm Ernst & Sohn 1941.

b) Zulässige Spannungen für Lagerteile und Gelenke in kg/cm².[1])

Werkstoff		Gußeisen Ge 14·91		Stahlguß Stg 52·81 S		Vergütungsstahl St C 35·61	
Belastungsfall		1	2	1	2	1	2
Biegung { Zug	σ_{zul}	450	500	1800	2000	2000	2200
Biegung { Druck	σ_{zul}	900	1000	1800	2000	2000	2200
Druck	σ_{zul}	1000	1100	1800	2000	2000	2200

Belastungsfall 1 (Hauptkräfte): Gleichzeitige ungünstigste Wirkung von ständiger Last, Verkehrslast einschl. Schneelast ohne Windlast. Zur „Verkehrslast" zählen auch Riemenzug u. dgl.

Belastungsfall 2 (Haupt- und Zusatzkräfte): Gleichzeitige ungünstigste Wirkung der unter Belastungsfall 1 genannten Lasten zusammen mit Windlast, Wärmeschwankungen, Bremskräften und waagerechten Seitenkräften, die von einem oder mehreren Kranen herrühren.

Für Bauteile, die nur durch eine der unter Belastungsfall 2 angeführten Lastarten beansprucht werden, sind die für Belastungsfall 1 angegebenen Spannungen zugrunde zu legen.

Maßgebend für die Querschnittsermittlung ist der Belastungsfall, der den größten Querschnitt ergibt.

2. Zulässige Spannungen der Schweißnähte für Stahlhochbauten (nach DIN 4100).

Nahtart	Art der Beanspruchung	Zul. Spannung ϱ_{zul}	Bemerkung
Stumpfnähte	Zug	$0{,}75\ \sigma_{zul}$	σ_{zul} ist die nach den bestehenden Vorschriften für den zu verschweißenden Werkstoff zulässige Spannung
Stumpfnähte	Druck	$0{,}85\ \sigma_{zul}$	
Stumpfnähte	Biegung	$0{,}8\ \sigma_{zul}$	
Stumpfnähte	Abscheren	$0{,}65\ \sigma_{zul}$	
Kehlnähte (Stirn- und Flankennähte)	Jede Beanspruchungsart	$0{,}65\ \sigma_{zul}$	

Diese Werte gelten für St 37.12, St 37.21 und St 52.

Es wird empfohlen, geschweißte Krane unter Berücksichtigung von DIN 120 „Berechnungsgrundlagen für Stahlbauteile von Kranen und Kranbahnen" nach den Vorschriften für geschweißte Hochbauten zu behandeln.

3. Zulässige Belastung des Baugrundes in kg/cm².

Bodenart		p_{zul}
Schlamm, Torf, Moorerde im allgemeinen		0
Nicht gewachsener Boden, je nach Beschaffenheit		0—1
Weicher Lehm, Ton und Mergel		0,4
Festgelagerter Fein- und Mittelsand		2
Festgelagerter Grobsand; harter Lehm, Ton und Mergel . .		3
Festgelagerter Kiessand und Kies		4
Fels, je nach Schichtung und Beschaffenheit		10—30

---

[1]) Fußnote auf Seite 105.

4. Zulässige Druckspannungen für Mauerwerk aus natürlichen Steinen in kg/cm². [1])

Steinart	Auflager-steine	Quadermauerwerk			Bruch-stein-mauerw.
		Mauern	Gewölbe	Gedrung. Pfeiler	
Granit, Syenit, Basalt	60	50	40	30	20
Sandstein (kieselsäurehaltig) . . . . } Kalkstein (dicht) . . . . }	30	25	20	15	10
Basaltlava	20	15	12	12	8
Sandstein, Kalkstein	15	12	10	10	6
Tuffstein	—	8	6	6	3

5. Zulässige Druckspannungen für Mauerwerk aus künstlichen Steinen in kg/cm². [1])

Steinart	Mauern			Pfeiler mit Schlankheit $h/d =$						
	Kalk-mörtel	Kalk-Zement-mörtel	Zement-mörtel	Mörtel	4	5	6	8	10	12
Schwemmsteine . . .	3	4	—	K-Z	4	2	1	—	—	—
Porige Vollsteine . .	4	5	—	K-Z	5	3	1	—	—	—
Mauerziegel 2. Klasse	7	8	—	K	7	5	3	1	—	—
Mauerziegel 1. Klasse } Kalksandsteine . . . }	10	14	16 {	K	10	7	5	3	2	—
				Z	16	11	9	7	6	5
Hartbrandziegel . .	—·	18	22	Z	22	14	12	10	9	8
Klinker	—	—	35	Z	35	20	17	13	11	10
Beton $\sigma_{zul} = \dfrac{W_{b\,28}}{4}$	jedoch < 50			—	$\dfrac{\sigma_{zul}}{1,375}$	$\dfrac{\sigma_{zul}}{1,5}$	$\dfrac{\sigma_{zul}}{1,8}$	$\dfrac{\sigma_{zul}}{2,4}$	$\dfrac{\sigma_{zul}}{3,0}$	—

6. Zulässige Spannungen von Holz in kg/cm² (nach DIN 1052).

Art der Beanspruchung	Nadelholz	Eiche und Buche
Biegung	100	110
Desgleichen bei durchlaufenden Trägern . .	110	120
Zug in Faserrichtung	85	100
Druck in Faserrichtung	85	100
Druck rechtwinklig zur Faserrichtung	20	30
Desgl., wenn geringfügige Eindrückungen zulässig	25	40
Abscheren in Faserrichtung	9	10
Elastizitätsmodul in Faserrichtung	100 000	125 000
Elastizitätsmodul senkrecht zur Faserrichtung .	3 000	6 000

Spannungsermäßigung um ⅓: bei Gerüsten mit frisch gefälltem Holz,
bei Bauteilen, die dauernd im Wasser,
bei ungeschützten Bauteilen, die der
Feuchtigkeit und Nässe ausgesetzt.

---

[1]) Fußnote auf Seite 105.

7. Berechnung von Druckstäben nach dem ω-Verfahren.

a) Einteilige Druckstäbe.

Es muß sein:
$$\sigma_\omega = \frac{\omega S}{F} \leqq \sigma_{zul},$$

hierbei

$S =$ größte Druckkraft des Stabes,

$F =$ unverschwächter Stabquerschnitt,

$\omega = \sigma_{zul}/\sigma_{d\,zul} =$ Knickzahl, abhängig vom Schlankheitsgrad $\lambda = s_K/\min i$,

$s_K =$ freie Stabknicklänge,

$\min i = \sqrt{\dfrac{\min J}{F}} =$ kleinster Trägheitshalbmesser,

$\min J =$ kleinstes Trägheitsmoment des unverschwächten Stabquerschnitts.

Knickzahlen ω.

λ	0	10	20	30	40	50	60	70	80
St 37 · 12	1,00	1,01	1,02	1,05	1,10	1,17	1,26	1,39	1,59
St 52	1,00	1,01	1,03	1,07	1,13	1,22	1,35	1,54	1,85

λ	90	100	110	120	130	140	150	160	170
St 37 · 12	1,88	2,36	2,86	3,40	4,00	4,63	5,32	6,05	6,83
St 52	2,39	3,55	4.29	5,11	5,99	6,95	7,98	9,08	10,25

λ	180	190	200	210	220	230	240	250	>250
St 37 · 12	7,66	8,53	9,46	10,43	11,44	12,51	13,62	14,78	unzu-
St 52	11,49	12,80	14,18	15,64	17,16	18,76	20,43	22,16	lässig

Zwischenwerte sind geradlinig einzuschalten.

Die Zeilen von St 37 · 12 gelten auch für St 00 · 12 und Handelsbaustahl.

b) Zweiteilige Druckstäbe.

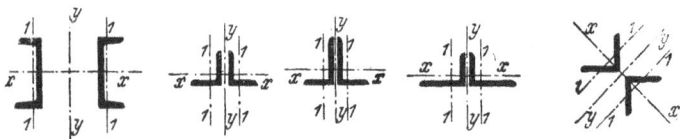

Es muß sein: $\sigma_{\omega x} = \dfrac{\omega_x \cdot S}{F} \leqq \sigma_{zul}$, wie für einteilige Druckstäbe,

ferner: $\qquad\sigma_{\omega y} = \dfrac{\omega_{y\,i} \cdot S}{F} \leqq \sigma_{zul}$,

hierbei: $\omega_{y\,i} =$ Knickzahl für den „ideellen Schlankheitsgrad" $\lambda_{y\,i} = \sqrt{\lambda_y^2 + \lambda_1^2}$,

$\lambda_y = s_{k\,y}/i_y =$ Schlankheitsgrad des Gesamtstabes für die Achse $y—y$,

$\lambda_1 = s_{k\,1}/i_1 =$ Schlankheitsgrad des Einzelstabes,

$s_{k\,1} =$ Knicklänge des Einzelstabes von Mitte zu Mitte Bindung.

Falls $\lambda_x > \lambda_y$, so braucht $\sigma_{\omega y}$ nicht nachgewiesen zu werden, wenn ist: $\lambda_1 \leqq \sqrt{\lambda_x^2 - \lambda_y^2}$. λ_1 darf in keinem Falle größer als 50 sein.

8. Belastungsannahmen im Hochbau.

a) Eigengewichte für Decken.

1. Holzbalkendecken ohne Balken, Fußboden und Putz	Einschubdecke mit 10 cm Sandauffüllung . 190 kg/m² Stakung mit 8 cm Koksaschenschüttung . . 105 „ Halber Windelboden, 15 cm dick . . . . 210 „
2. Gewölbte Decken ohne Trägergewicht einschl. Hintermauerung aus:	Ziegelsteinen, 1/2 Stein dick . . . . 275 „ Schwemmsteinen, 1/2 Stein dick . . . . 155 „ Rabitzgewölbe, 5 cm dick. . . . . 100 „
3. Ebene Steindecken ohne Trägergewicht aus:	Beton mit Stahleinlagen, 10 cm dick . . 240 „ Porigen Hohlziegeln ohne Stahleinl., 10 cm d. 125 „ Eisenbetonhohldielen, 10 cm dick . . . . 155 „
4. Fußbodenbelag aus:	Eichenholz, je 1 cm Dicke . . . . 8 „ Asphalt, Zementfließen, je 1 cm Dicke . . 22 „
5. Deckenfüllstoffe aus:	Lehm, Sand, je 1 cm Dicke. . . . . . . 16 „ Koksasche, je 1 cm Dicke . . . . 7 „
6. Putz aus:	Kalkmörtel, je 1 cm Dicke . . . . 17 „ Rabitz- oder Drahtputz, je 1 cm Dicke . . 15 „ Spalierdeckenputz üblicher Dicke . . . . . 20 „

b) Eigengewichte für Dächer.

Dachdeckung	Kleinste Dachneigung		Dachdeckung einschl. Lattung bzw. Schalung in kg/m² schräger Dachfläche	Eigengewichte		
				Sparren	Pfetten	Binder
	$\frac{f}{l}$	α		kg/m² Grundriß		
Biberschwänze und Dachpfannen	1/3	33⁰ 40′	85			
Falzziegel	1/3	33⁰ 40′	65			
Schiefer { deutsche Deckung	1/3	33⁰ 40′	65	10	10	15
auf Schalung { englische Deckung	1/5	21⁰ 50′	55	bis	bis	bis
Doppelpappdach	1/20	5⁰ 40′	55	15	20	30
Holzzementdach mit 7 cm starker Kiesschicht . . .	1/50	2⁰ 20′	180			
Stahlwellblech	1/20	5⁰ 40′	25			
Glas (6 mm Drahtglas)	1/3	33⁰ 40′	35			
Bimsbetonplatten	1/10	—	80—120			

c) Verkehrslasten.

1. Waagerechte, dem Verkehr offene Dächer . . . . .200 kg/m²
2. Wohnungen, Büro- und Diensträume, Dachbodenräume . . . . .200 „
3. Treppen und Podeste in Wohnhäusern, Klassenzimmer, Hörsäle . 350 „
4. Geschäfts- und Warenhäuser, Versammlungsräume, Turnhallen . 500 „
5. Flure, Treppen und Podeste, Werkstätten mit leichtem Betrieb . . 500 „
6. Waagerechte Geländerbelastung in Holmhöhe
   bei Treppen, Balkonen . . . . 50 „
   bei Versammlungsräumen, Tribünen, Theater . . . . .100 „
7. Für Dächer ist in der Mitte der Pfetten, Sparren und Sprossen, falls Wind- und Schneelast zusammen weniger als 200 kg beträgt, unter Außerachtlassung dieser Wind- und Schneelast eine Einzellast von 100 kg vorzusehen.

d) Schneelast.

Für waagerechte Flächen mindestens 75 kg/m².
Für unter dem Winkel α geneigte Dächer in kg/m² Dachgrundrißfläche:

α	$\leqq 20^0$	25^0	30^0	35^0	40^0	45^0	50^0	55^0	60^0	$> 60^0$
Schneelast	75	70	65	60	55	50	45	40	35	●

Zwischenwerte sind geradlinig einzuschalten.
Möglichkeit der Bildung von Schneesäcken sowie einer vollen oder einseitiger
Schneebelastung ist zu prüfen und gegebenenfalls zu berücksichtigen.

e) Windlast.

Windrichtung kann im allgemeinen waagerecht angenommen werden.
Windlast ist rechtwinklig zur getroffenen Fläche anzunehmen.
Die auf die Flächeneinheit entfallende Windlast w beträgt: $w = c \cdot q$ (kg/m²).

α) Staudruck q.

Höhe über Gelände in m	q in kg/m²
von 0 bis 20	80
über 20 „ 100	110
„ 100	130
Bauten bis zu 6 m größter Höhe	50

β) Gestalts-Beiwert c.

Art des Bauwerks	c
Geschlossene, von ebenen Flächen begrenzte Baukörper:	
Zur Windrichtung rechtwinklige Flächen im allgemeinen . .	1,2
bei turmartigen Bauwerken (Höhe $> 5 \cdot$ Breite)	1,6
Zur Windrichtung unter Winkel α geneigte Flächen im allge-	$1,2 \cdot \sin \alpha$
meinen bei turmartigen Bauwerken	$1,6 \cdot \sin \alpha$
Offene, von ebenen Flächen begrenzte Baukörper außerdem gleich-	
zeitig mit den obigen Windlasten von unten, rechtwinklig zu	
den Dachflächen wirkende Windkräfte mit	1,2
Zylindrische Baukörper mit	
$d \cdot \sqrt{q} < 1$ (z. B. Seile, Drähte)	1,2
$d \cdot \sqrt{q} > 1$ (z. B. Schornsteine, Gasbehälter)	0,7
Fachwerkträger und Vollwandträger	
für die vordere Tragwand und darüber hinausragende Teile der	
folgenden Tragwände bei zur Windrichtung rechtwinkligen	
Flächen	1,6
bei der Windrichtung unter Winkel α geneigten Flächen . .	$1,6 \cdot \sin \alpha$
für die folgenden, von den vorhergehenden verdeckten Trag-	
wänden, wenn Trägerabstand kleiner als Stabbreite, bzw.	
Trägerhöhe	0
wenn Trägerabstand größer:	
bei zur Windrichtung rechtwinkligen Flächen	1,2
bei zur Windrichtung unter Winkel α geneigten Flächen . .	$1,2 \cdot \sin \alpha$

In den angegebenen c-Werten ist Druck und Sog des Windes so zusammen-
gefaßt, daß nur die dem Wind zugewendeten Flächen als belastet zu be-
trachten sind.
Bei Flächen bis zu 45° Neigung ist gleichzeitige Wind- und Schneebelastung
zu berücksichtigen, bei steileren Dächern ist dies nur erforderlich, wenn Schnee-
ansammlungen möglich sind.

9. Hölzer für Hochbauzwecke.

a) Bretter und Bohlen (nach DIN 4071).

Dicken in mm.

Bretter 10, 12, 15, 18, 20, 24, 26, 30, 35, 40.
Bohlen 45, 50, 55, 60, 65, 70, 80, 90, 100.

b) Kanthölzer, Balken und Dachlatten (nach DIN 4070).

Abmessungen b/h in cm.

Kantholz 6/10, 6/12, 8/8, 8/10, 8/14, 8/16,
10/10, 10/12, 10/14, 10/16, 12/12, 12/14,
12/16, 14/14, 14/16, 14/18, 16/16, 18/18.

Balken 8/20, 10/20, 10/22, 12/24, 12/26, 14/20,
16/20, 16/22, 16/24, 18/22, 18/24,
20/20, 20/24, 20/26.

Dachlatten 2,4/2,8, 3,0/3,5, 4,0/6,0, 5,0/8,0.

The manufacturer's authorised representative in the EU is Springer
Nature Customer Service Centre GmbH, Europaplatz 3, 69115 Heidelberg,
Germany. If you have any concerns regarding our products, please
contact ProductSafety@springernature.com

Printed and bound by CPI Group (UK) Ltd, Croydon, CR0 4YY
24/04/2026
02096346-0001